August Schulz

Die Geschichte der kultivierten Getreide

unikum

August Schulz

Die Geschichte der kultivierten Getreide

ISBN/EAN: 9783845744056
Erscheinungsjahr: 2012
Erscheinungsort: Bremen, Deutschland

www.unikum-verlag.de | office@unikum-verlag.de

August Schulz

Die Geschichte der kultivierten Getreide

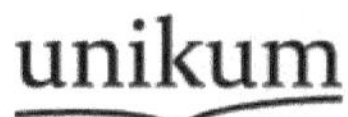

Die Geschichte der kultivierten Getreide

I

Von

Professor Dr. August Schulz

Halle a. d. S.
Louis Neberts Verlag
(Albert Neubert)
1913

Vorbemerkung.

Die vorliegende Geschichte der kultivierten Getreide ist hervorgegangen aus Vorlesungen über die Geschichte der kultivierten menschlichen Nähr- und Genußpflanzen und über die Geschichte der kultivierten Getreide, die ich in den letzten Jahren im Wintersemester an der hiesigen Universität gehalten habe. Sie kann von jedem Gebildeten verstanden werden. Für den, der sich eingehender mit diesem Gegenstande beschäftigen will, ist jedem Kapitel ein kurzes Literaturverzeichnis beigegeben, dessen Schriften manche wichtigen Punkte der Geschichte der kultivierten Getreide eingehender behandeln und ausführliche Literaturangaben enthalten.

Halle a. d. S., 15. März 1913.

August Schulz.

Inhalt.

I. Einleitung.

Als Getreide bezeichnet man gegenwärtig meist nur die Gräser, deren stärkereiche Samen dem Menschen und seinen Haustieren Speise und zum Teil auch Getränk liefern. Seltener werden zu den Getreiden auch Glieder einiger anderer Pflanzenfamilien gerechnet, deren stärkereiche Samen in derselben Weise verwendet werden, so z. B. der zur Familie der *Polygonaceen* gehörende Buchweizen, *Fagopyrum esculentum* Mch. Ich werde im folgenden ausschließlich jene Gräser und die aus ihnen in der Kultur entstandenen, die nicht oder doch nur in anderer Weise als sie verwendet werden, als Getreide bezeichnen.

Nur von wenigen Getreiden sammelt und benutzt man ausschließlich die Früchte ursprünglich wilder, d. h. nicht von kultivierten oder verwilderten Individuen abstammender Individuen. Von den meisten Getreiden werden entweder ausschließlich die Früchte kultivierter Individuen oder — doch nur von sehr wenigen — außerdem auch die Früchte verwilderter oder ursprünglich wilder Individuen eingeerntet; fast alle diese Getreide sind sogar nur kultiviert oder kultiviert und verwildert bekannt.

Im folgenden soll nur diese zweite Gruppe von Getreiden, die ich die der kultivierten Getreide nennen will, behandelt werden. Die meisten Unterfamilien der Familie der Gräser: die *Hordeen*, die *Aveneen*, die *Festuceen*, die *Chlorideen*, die *Phalarideen*, die *Oryzeen*, die *Paniceen*, die *Andropogoneen* und die *Maydeen*, enthalten zu dieser Gruppe gehörende Getreide.

Jeder in morphologischer Hinsicht selbständige und einheitliche Kreis pflanzlicher Individuen, dessen Glieder, wenigstens während eines langen Zeitraumes, ihre Eigenschaften unverändert auf ihre Nachkommen vererben, kann als — selbständige — Form[1]) bezeichnet werden. Eine spontan, d. h. unabhängig vom Menschen entstandene Form, die von allen anderen Formen in wesentlichen Eigenschaften abweicht, wird gewöhnlich Art[2]) genannt.

Unter der Geschichte einer Kulturgewächsform, also auch einer kultivierten Getreideform, versteht man die Gesamtheit der Geschicke dieser Form von dem Beginne ihrer Kultur bis zum heutigen Tage, oder, falls die betreffende Form heute nicht mehr kultiviert wird, bis zur endgültigen Aufgabe ihrer Kultur, sowie die Darstellung dieser Geschicke. Die Erforschung der Geschichte einer Kulturgewächsform geschieht mit Hilfe der Botanik (im weitesten Sinne), der Geologie, der prähistorischen und der historischen Archäologie, der Geschichtswissenschaft (im weitesten Sinne), der Ethnographie und der Sprachwissenschaft.

Die Erforschung der Geschichte der kultivierten Getreide ist zwar noch weit von ihrem Abschluß entfernt, doch läßt sich heute schon Folgendes aussagen: Fast alle Formen dieser Getreide sind, wie schon angedeutet wurde, nur kultiviert und — zum Teil — außerdem auch verwildert beobachtet worden, und es ist auch sehr unwahrscheinlich, daß sie irgendwo ursprünglich wild wachsen. Die meisten von diesen Formen sind aber mit bekannten zweifellos spontan — d. h. ganz unabhängig vom Menschen — entstandenen, nicht als Nutzpflanzen, höchstens aus wissen-

---

[1]) Eine Form, die nachweislich oder höchst wahrscheinlich aus einer anderen, noch lebenden Form hervorgegangen ist, kann man als deren Unterform bezeichnen. Kulturgewächsformen, deren Individuen ihre Eigenschaften nicht oder nicht regelmäßig oder nur während eines kurzen Zeitraumes regelmäßig auf ihre Nachkommen vererben, pflegt man Sorten zu nennen.

[2]) Im Folgenden ist das Wort Art stets in diesem Sinne gebraucht.

schaftlichem Interesse kultivierten Grasformen so nahe verwandt, daß sie als in der Kultur entstandene Abkömmlinge von diesen angesehen werden können. Und es läßt sich annehmen, daß auch fast alle übrigen kultivierten Getreideformen solche Abkömmlinge spontaner Grasformen sind, daß aber ihre Stammformen entweder noch nicht aufgefunden oder, nachdem sie in Kultur genommen waren, ausgestorben sind, daß somit fast alle kultivierten Getreideformen Kulturformen sind.

Nicht wenige der heute kultivierten Getreideformen oder doch diesen sehr nahe verwandte, heute ausgestorbene, den verwandten spontanen Grasformen, die man als ihre Stammformen ansehen kann, näher stehende Formen, wurden schon in der prähistorischen Zeit, zum Teil sogar schon in ihren älteren Abschnitten angebaut; manche von ihnen gehören wahrscheinlich zu den ältesten Kulturpflanzen. Andere Formen sind dagegen erst in jüngster Zeit aus verwandten kultivierten Formen hervorgegangen.

Außer über die Abstammung und damit über die Heimat, sowie über den Anbau in prähistorischer Zeit läßt sich auch über die weiteren Geschicke der kultivierten Getreideformen heute schon recht viel aussagen.

II. Die Geschichte der kultivierten Getreide.

Im Folgenden will ich die Geschichte der kultivierten Getreide behandeln. Dieser erste Band enthält nur die Geschichte der kultivierten Getreideformen der beiden ersten der vorhin aufgezählten Unterfamilien der Familie der *Gramineen*, der *Hordeen* und der *Aveneen*, zu denen die für Deutschland wichtigsten Getreide gehören; die Geschichte der übrigen Getreideformen soll in einem zweiten Bande behandelt werden.

Die Getreideformen jeder Gattung sind zusammen behandelt. Zuerst ist ihre Abstammung, dann ist ihre weitere Geschichte, und zwar bis zum Beginne des neunzehnten Jahrhunderts eingehend, in der späteren Zeit nur kurz zusammenfassend betrachtet. Auf den Bau und die übrigen Eigenschaften sowie den Anbau und die Verwendung der kultivierten Getreide bin ich nur soweit eingegangen, wie es zum Verständnis ihrer Geschichte unbedingt nötig ist.

1. Der Weizen.

I.

Unter dem Namen[1]) Weizen[2]) werden zahlreiche Formen zusammengefaßt, die neun allerdings zum Teil

---

[1]) Vielfach nennt man den Weizen wissenschaftlich *Triticum sativum*. Dieser Name wird aber besser vermieden, da die als Weizen zusammengefaßten Kulturformen von mehreren Arten abstammen. Dasselbe gilt von *Hordeum sativum* als Bezeichnung der Saatgerste und von *Avena sativa* als Bezeichnung des Saathafers.

[2]) Dieser Name bedeutet Weißes Getreide; er bezieht sich auf die Farbe des Weizenmehles. Der Weizen wird hierdurch in einen Gegensatz zur Saatgerste gestellt, deren Mehl weniger weiß ist.

ineinander übergehende Gruppen bilden. Diese werden wissenschaftlich meist *Triticum monococcum* Linné, *Tr. dicoccum* Schrank, *Tr. Spelta* Linné, *Tr. durum* Desfontaines, *Tr. polonicum* Linné, *Tr. turgidum* Linné, *Tr. compactum* Host, *Tr. vulgare* Villars, Koernicke und *Tr. capitatum* Schulz, in der deutschen Schriftsprache meist Einkorn, Emmer, Dinkel oder Spelz, Hart- oder Glasweizen, Polnischer Weizen, Englischer oder Bartweizen,[1] Zwergweizen, Gemeiner Weizen oder Weizen schlechthin und Dickkopf- oder Squareheadweizen genannt.[2] Mit Ausnahme des letzten stammen die wissenschaftlichen Namen der Weizenformengruppen von Linné[3] und von Zeitgenossen von ihm, die diese Gruppen als Arten im linnéischen Sinne, d. h. als in ihrer gegenwärtigen Ausbildung geschaffen und unveränderlich in ihr verharrend, ansahen. Aber auch heute, wo kaum noch jemand daran zweifelt, daß keine Weizenform spontan entstanden ist, daß vielmehr sämtliche Weizenformen nur Kulturformen von — spontan entstandenen — Triticumarten im heutigen Sinne sind, ist der Gebrauch dieser Namen durchaus zulässig, da die Formen jeder Formengruppe Abkömmlinge einer einzigen Art sind.

Die neun Weizenformengruppen lassen sich in zwei große Gruppen zusammenfassen, in die Gruppe der Spelzweizen und die der Nacktweizen. Es gehören zu den Spelzweizen die drei ersten Formengruppen, zu den Nacktweizen die übrigen Gruppen.

---

[1]) Diese Formengruppe darf nicht mit aus England eingeführten Formen von *Tr. vulgare* und *Tr. capitatum* verwechselt werden, die vielfach auch Englischer Weizen genannt werden.

[2]) In den verschiedenen deutschen Mundarten haben sie zum Teil auch noch andere Namen. Ebenso haben manche Untergruppen und Formen besondere volkstümliche Namen. So werden z. B. die begrannten Formen des Zwergweizens Igelweizen, seine unbegrannten Formen Binkelweizen genannt.

[3]) Bei Linné zerfällt *Tr. vulgare* in zwei selbständige Arten, *Tr. aestivum* und *Tr. hybernum*. Betreffs *Tr. turgidum* vgl. S. 6, Anm. 1.

Spelzweizen und Nacktweizen unterscheiden sich sehr augenfällig durch zwei Eigenschaften ihrer reifen Ähre.

Der Blüten- und Fruchtstand des Weizens ist eine zusammengesetzte Ähre (im Folgenden kurz Ähre genannt). Die Ährenachse trägt an der Spitze ein normal ausgebildetes oder ein verkümmertes Ährchen und seitlich meist in zwei einander gegenüberstehenden, in eine Ebene fallenden Zeilen abwechselnd stehende, mit Ausnahme des untersten oder der untersten, die meist verkümmert sind, normale Ährchen. Nur bei einer Anzahl Formen von *Tr. dicoccum* und *Tr. turgidum* stehen an Stelle aller Seitenährchen der Ähre oder eines Teiles von ihnen Ährchen tragende Zweige oder zwei oder drei Ährchen.[1])

Die kurze Ährchenachse trägt vier bis acht kahnförmige Blättchen, die sogen. Spelzen. Diese stehen ebenfalls in zwei in eine Ebene fallenden Zeilen.

Die beiden untersten Spelzen des Ährchens, die Hüllspelzen oder Klappen (Glumae) sind unfruchtbar. An dem Endährchen sind sie symmetrisch — in der Mitte — gefaltet, und ihre Längsnerven sind symmetrisch zur Falte angeordnet. An den Seitenährchen sind sie dagegen unsymmetrisch gefaltet, und zwar so, daß die mehr oder weniger scharf gekielte Falte mit dem Hauptlängsnerven der morphologisch hinteren Hälfte der Hüllspelze zusammenfällt. Infolge davon ist die vor der Falte liegende Partie der Hüllspelze — im Folgenden kurz als ihre vordere Partie bezeichnet — bedeutend breiter als die hinter der Falte liegende. Der Kiel läuft oben in einen Zahn aus; die vordere Partie trägt an ihrem oberen Rande über ihrem Hauptlängsnerven meist ebenfalls einen Zahn.

Die übrigen an der Ährchenachse stehenden Spelzen, die Deckspelzen (Paleae inferiores), die an allen

---

[1]) Die Formen von *Tr. turgidum*, die an Stelle von Ährchen Zweige tragen, bilden die Untergruppe *Tr. turgidum compositum* Linné, die Linné als besondere Art betrachtete. Populär werden sie gewöhnlich Wunderweizen genannt. Die andere Untergruppe von *Tr. turgidum* kann man *Tr. turgidum simplex* nennen.

Ährchen in der Mitte gerundet gefaltet sind und bei vielen Formen sämtlich oder teilweise in eine Granne auslaufen, tragen in ihrer Achsel eine sehr kurze Achse, die bei der untersten Deckspelze oder den untersten Deckspelzen normal mit einer vollkommen ausgebildeten, fruchtbaren Blüte, bei der obersten Deckspelze oder den obersten Deckspelzen, die meist bedeutend kleiner als die anderen sind, mit einer unfruchtbaren Blüte oder einem häufig kaum sichtbaren Blütenreste abschließt. Unterhalb der Blüte oder des Blütenrestes steht an der Blütenachse, der Deckspelze gegenüber, eine kleinere und dünnere — bei den Blütenresten oft sehr winzige — Spelze, die Vorspelze (Palea superior).

Bei den Spelzweizen zerfällt zur Zeit der Fruchtreife die Ährenachse, die wie die der Nacktweizen von den Ansatzstellen der Ährchen her zusammengedrückt ist, schon auf ziemlich schwachen Schlag oder Druck in ihre einzelnen Glieder, von denen jedes ein an ihm scheinbar endständiges Ährchen trägt. Für diese Achsenglieder nebst den ihnen anhaftenden Ährchen ist in der deutschen Schriftsprache die ursprünglich der alemannischen Mundart angehörende Bezeichnung Vesen gebräuchlich geworden. Die Achse der reifen Nacktweizenähre kann nur mit größerer Gewalt in einzelne, und zwar unregelmäßige Stücke zerlegt werden.

Bei den Spelzweizen umschließen die Spelzen so fest die reifen Früchte, daß sich diese auch bei einem heftigen Schlage auf das Ährchen meist nicht aus ihnen lösen. Beim Drusch, selbst mit der Maschine, wird meist nur die Ähre in ihre Vesen zerlegt. Sollen die Spelzweizenfrüchte allein benutzt — etwa zerkleinert — werden, so müssen sie erst in besonderen — in Süddeutschland Gerbgänge genannten — Mühlgängen von den Spelzen befreit werden. Durch das Gerben oder Rellen, wie dieser Vorgang genannt wird, wird der größte Teil der Früchte beschädigt und seiner Keimfähigkeit beraubt. Es werden deshalb in der Regel die Früchte ungegerbt gelagert und zur Aussaat meist Vesen verwandt. Bei den Nacktweizen dagegen umschließen die sich zur Zeit der Fruchtreife meist recht leicht von der Ährchenachse ablösenden Spelzen, die nicht so fest wie die der Spelzweizen sind, die reifen Früchte nur locker, sodaß sich diese auf der Tenne beim Schlage mit dem Dreschflegel leicht aus den Spelzen lösen.

Die Glieder der Achse der reifen Ähre lösen sich nicht bei allen Spelzweizenformen gleich leicht voneinander; je leichter die Achse in ihre Glieder zerfällt, desto fester pflegen die Früchte von den Spelzen umschlossen zu sein.

Von den drei Spelzweizenformengruppen weicht eine, *Triticum monococcum*, das Einkorn, von den beiden anderen bedeutend mehr ab als diese voneinander. Bei dem Einkorn ist das Endährchen der Ähre nie normal ausgebildet und nie fruchtbar, während bei den beiden anderen Formengruppen — und allen Nacktweizen — das Endährchen in der Regel normal ausgebildet und fruchtbar ist. Bei dem Einkorn spaltet sich zur Zeit der Fruchtreife die Vorspelze der fruchtbaren Blüten der Seitenährchen[1]) der Länge nach von unten her entweder vollständig oder — selten — nur unten in zwei Teile, während sie bei den beiden anderen Formengruppen — und bei den Nacktweizen — ganz bleibt. Die übrigen morphologischen Unterschiede zwischen dem Einkorn und den beiden anderen Spelzweizenformengruppen — sowie den Nacktweizen — sind weniger erheblich, wenn sie auch zum Teil recht in die Augen fallen: Der vordere Zahn der Hüllspelze des Einkorns ist sehr groß, manchmal fast so groß als der sehr kräftige Kielzahn. Von den zwei, seltener drei Blüten des Ährchens ist bei den meisten Einkornformen in der Regel nur die unterste zweigeschlechtig und fruchtbar,[2]) während bei den übrigen Weizenformengruppen normal mindestens drei Blüten im Ährchen vorhanden sind, von denen die beiden unteren Frucht tragen.

---

[1]) Bei der wohlausgebildeten unfruchtbaren Blüte spaltet sich gewöhnlich die Vorspelze wenigstens im unteren Teile.

[2]) Auf diese Eigenschaft bezieht sich der Name Einkorn, *Tr. monococcum*.

Die Halmknoten des Einkorns sind immer sammetartig behaart, während sie bei fast allen anderen Weizenformen nackt oder wenig behaart sind. Die Halme des Einkorns sind schmächtig und fast immer steif aufwärts gerichtet. Seine gerade in die Höhe gerichteten, mit langen, feinen, aufwärts gerichteten Grannen versehenen Ähren sind nach dem Blühen stark — brettartig — von der Seite her zusammen gedrückt und werden auffallend früh gelb, und seine Farbe entbehrt ganz des bei vielen Weizenformen, namentlich bei Formen des Emmers, so stark hervortretenden blauen Reifes.

Bisher ist weder eine Spelzweizenform noch eine Nacktweizenform im ursprünglich wilden Zustande gefunden worden; wenn eine Form außerhalb des Kulturbodens wild vorkam, lag stets Verwilderung vor. Es gibt aber zwei Triticumarten, *Triticum aegilopoides* Link (erweitert) und *Tr. dicoccoides* Kcke., die zwei der Spelzweizenformengruppen, und zwar *Tr. aegilopoides* dem *Tr. monococcum*, *Tr. dicoccoides* dem *Tr. dicoccum*, sehr nahe stehen.

Triticum aegilopoides zerfällt in zwei Unterarten, die zwar nur wenig, aber wie es scheint in einem Punkte regelmäßig voneinander abweichen. Die eine dieser Unterarten, das eigentliche *Tr. aegilopoides* Link,[1]) die jetzt meist nach Boissiers Vorgange *Tr. boeoticum* genannt wird, scheint nur auf der Balkanhalbinsel vorzukommen, wo sie im nördlichen Teile des Peloponneses — hier hat sie Link im Jahre 1833 entdeckt —, in Boeotien, in Thessalien, in Südbulgarien (Ostrumelien) und in Serbien beobachtet worden ist. Die andere Unterart, die von Reuter nach ihrem türkischen Namen Thaoudar *Tr. Thaoudar* genannt worden ist, scheint dagegen nur in Vorderasien zu wachsen, wo sie in Kleinasien — hier hat sie Balansa 1854 in Lydien entdeckt —, Syrien, Mesopotamien, Assyrien und Westpersien (Kurdistan) beobachtet worden ist.

---

[1]) Link hat diese Unterart unter dem Namen *Crithodium aegilopoides* beschrieben.

Bei beiden Unterarten enthält das Ährchen zwei Blüten.[1]) Bei *Tr. aegilopoides boeoticum* ist fast stets nur die untere von diesen Blüten zweigeschlechtig und fruchtbar, die obere Blüte mehr oder weniger reduziert und unfruchtbar. Nur die Deckspelze der unteren Blüte ist lang begrannt, die Deckspelze der oberen Blüte trägt, ganz gleich ob diese Blüte fruchtbar oder unfruchtbar ist, nur eine kurze, meist nicht über 1 cm lange Granne. Bei *Tr. aegilopoides Thaoudar* ist wohl auch in der Mehrzahl der Ährchen nur die untere Blüte zweigeschlechtig und fruchtbar; es tragen aber regelmäßig die Deckspelzen beider Blüten lange Grannen. Andere konstante Unterschiede bestehen zwischen beiden Unterarten, die beide in der Färbung und Behaarung ihrer Spelzen recht bedeutend variieren, nicht. Doch sind meist die Ähren von *Tr. aegilopoides boeoticum* schmaler und länger und seine Ährchen kleiner als die von *Tr. aegilopoides Thaoudar*.

Wie schon gesagt wurde, enthält auch das Ährchen des Einkorns meist nur zwei, seltener drei Blüten, von denen in der Regel nur die unterste fruchtbar ist. Nur bei wenigen Formen enthält regelmäßig eine größere Anzahl — aber wohl nur selten die Gesamtheit — der Ährchen der Ähre zwei fruchtbare Blüten. Die dritte — oberste — Blüte ist, falls sie überhaupt vorhanden ist, wohl stets verkümmert. Bei jenen Formen ist fast immer nur die Deckspelze der unteren, stets fruchtbaren von den beiden regelmäßig vorhandenen Blüten lang begrannt, die Deckspelze der oberen von diesen Blüten, selbst wenn diese fruchtbar ist, nur kurz begrannt. Auch bei der Mehrzahl dieser Formen ist fast immer nur die Deckspelze der unteren Blüte lang begrannt. Nur bei einer von diesen Formen, die das eigentliche[2]) engrain double (doppelte

---

[1]) Es sind selten bei *Tr. aegilopoides boeoticum*, häufiger bei *Tr. aegilopoides Thaoudar* Deckspelze oder Deckspelze und Vorspelze einer dritten — obersten — Blüte vorhanden, doch habe ich bisher in keinem Falle eine Spur der Blüte selbst gefunden.

[2]) Zum Doppelten Einkorn werden vielfach auch andere Ein-

Einkorn) der französischen landwirtschaftlichen Schriftsteller bildet, scheinen regelmäßig in den Ährchen mit zwei fruchttragenden Blüten, die in der Ähre in der Überzahl vorhanden sind, beide Deckspelzen lang begrannt zu sein.

Wenn nun aber auch *Triticum aegilopoides* dem Einkorn sehr nahe steht, so sind doch zwischen diesem und den wilden Individuen jener Art, deren Ährenachse zur Zeit der Fruchtreife stets von selbst in ihre Glieder zerfällt, deutliche Unterschiede vorhanden. Die Ähren des Einkorns sind kräftiger und seine Früchte sind größer und schwerer als die von *Tr. aegilopoides*; seine Ährenachse zerfällt bei der Fruchtreife nicht mehr von selbst in ihre einzelnen Glieder und diese tragen an den Kanten und an der Ansatzstelle des Ährchens viel weniger und viel kürzere — grauweiße — Haare als die von *Tr. aegilopoides*, wo die Haare vorzüglich oben an den Kanten und vorn in der Mitte dicht unter der Ansatzstelle des Ährchens lang sind und dicht stehen. In der Kultur Botanischer Gärten hat sich *Tr. aegilopoides boeoticum* aber in einigen Jahrzehnten so geändert, daß es sich nur noch sehr wenig, im Aussehen vielfach gar nicht, vom Gewöhnlichen Einkorn unterscheidet. Die Ähre ist bedeutend breiter und dicker, die reife Ährenachse ist weniger brüchig und ihre Behaarung ist dünner und kürzer geworden. Durch planmäßige Kultur kann ohne Zweifel in einigen Jahrzehnten aus *Tr. aegilopoides boeoticum* das Gewöhnliche Einkorn gezüchtet werden. Ich halte es für sehr wahrscheinlich, daß dieses ausschließlich von *Tr. aegilopoides boeoticum* abstammt. Wäre es ausschließlich oder auch ein Abkömmling von *Tr. aegilopoides Thaoudar* so würde entweder regelmäßig oder doch häufig auch die zweite Deckspelze des Ährchens lang begrannt sein, und es würde wohl auch häufiger die zweite Blüte fruchtbar sein. Das in der neolithischen Periode in der Troas an-

---

kornformen gerechnet, bei denen die zweite Blüte des Ährchens häufig fruchtbar ist, so z. B. *Tr. monococcum flavescens* Kcke. Die Einkornformen außer dem Doppelten Einkorn kann man unter der Bezeichnung Gewöhnliches Einkorn zusammenfassen.

gebaute Einkorn scheint vorherrschend zwei Früchte im Ährchen getragen zu haben; über die Begrannung seiner Deckspelzen ist leider nichts bekannt. Es war wohl ein Abkömmling von *Tr. aegilopoides Thaoudar*, von dem offenbar auch das eigentliche Doppelte Einkorn abstammt. Es wird heute wohl von Niemand mehr bezweifelt, daß das Einkorn eine Kulturformengruppe von *Triticum aegilopoides* ist.

Triticum dicoccoides war bisher nur aus Syrien bekannt. Hier hat es bei Raschaya im Hermon der österreichische Botaniker Th. Kotschy im Jahre 1855 entdeckt. Kotschy scheint es für *Hordeum spontaneum* K. Koch gehalten zu haben; das von ihm gesammelte Exemplar lag wenigstens 1873 im Wiener Herbarium bei dieser Art. In diesem Jahre wurde es hier von Fr. Koernicke aufgefunden; doch erst 1889 veröffentlichte Koernicke eine — sehr kurze — Mitteilung über seinen Fund, dessen Bedeutung für die Geschichte des Weizens er sofort erkannt hatte. Er nannte Kotschys Pflanze *Triticum vulgare* Vill. var. *dicoccoides* und erklärte sie für die Stammform des Emmers. Da *Tr. vulgare* var. *dicoccoides* Kcke. oder wie es heißen muß *Tr. dicoccoides* Kcke.[1]) seit 1855 von Niemand wieder gefunden worden war und auch nach 1889 zunächst nicht wieder aufgefunden wurde, so fand Koernickes Mitteilung anfänglich wenig Beachtung. Dies änderte sich aber, als A. Aaronsohn, ein in Palästina lebender jüdischer Landwirt, *Triticum dicoccoides* nicht nur im Hermon, wo es bis 1900 m aufwärts vorkommt, wieder auffand, sondern auch zwischen dem Hermon und dem See von Tiberias sowie im Lande Gilead entdeckte. Nun wurde *Tr. dicoccoides*, das hier

---

[1]) Es ist unlogisch, die spontan entstandene Stammart einer Kulturform oder Kulturformengruppe als Varietät (oder Unterart oder Form) dieser Form oder Formengruppe zu bezeichnen, wobei es ganz gleich ist, ob die Stammart erst nach der Kulturform oder Kulturformengruppe oder schon vor dieser beschrieben und wissenschaftlich benannt worden ist.

zweifellos indigen ist,[1]) nicht nur als Stammart von *Tr. dicoccum* anerkannt, sondern vielfach sogar als Urweizen, d. h. als Stammart aller Weizenformengruppen, mit Ausnahme des Einkorns, gefeiert. Bald wurden aber Zweifel an der Richtigkeit dieser Annahmen geäußert. Denn aus den von Aaronsohn versandten Früchten von „*Tr. dicoccoides*“ waren in der Kultur zum Teil in wesentlichen Eigenschaften erheblich voneinander abweichende Individuen hervorgegangen. Man schloß hieraus, daß Aaronsohns — und damit auch Kotschys — Pflanze, die nach seiner Angabe an ihren Fundorten in Syrien in derselben Weise variiert, entweder nur verwilderter Emmer oder ein Bastard zwischen einer Weizenform und einer verwandten spontanen Grasart sei. Dieser Schluß ist aber durchaus unberechtigt. Aaronsohn hat nämlich, wie ich nachgewiesen habe, unter dem Namen *Triticum dicoccoides* außer Früchten des echten *Tr. dicoccoides* Kcke. auch, und zwar wie es scheint vorzüglich, Früchte von *Tr. aegilopoides Thaoudar* × *dicoccoides* versandt. Und aus den Früchten dieses Bastardes, der einen hohen Fruchtbarkeitsgrad hat, stammen die Individuen der europäischen Gärten, die Veranlassung zu dem Zweifel an der Richtigkeit von Koernickes Annahme, daß *Tr. dicoccoides* die Stammart von *Tr. dicoccum* sei, gegeben haben. Zu diesem Bastarde gehört auch ein großer, vielleicht sogar der größte Teil der wild wachsenden syrischen Individuen, die Aaronsohn zu *Tr. dicoccoides* Kcke. gerechnet hat. Das syrische *Tr. dicoccoides* Kcke. variiert in der Kultur nur unerheblich.

Vor kurzem ist nun *Triticum dicoccoides* Kcke. aber auch aus Westpersien bekannt geworden. Hier hat es im Jahre 1910 der leider unterdessen verstorbene englische

---

[1]) Nach Aaronsohns Angabe tritt es überall erst dort auf, wo jede Kultur aufhört, ja es fühlt sich am wohlsten an Stellen, wo sie ganz und gar unmöglich ist. Auf den Abhängen steiniger, von heißer Orientsonne durchbrannter Hügel gedeiht es vorzüglich, wo die Erdkrume unglaublich dünn ist und eine einjährige Vegetation schon nicht mehr bestehen kann, da ist es zu finden.

Vice-Konsul in Sultanabad in Persien Theodor Strauß in dem Noa-Kuh, einem Gebirge bei der an der Karawanenstraße Kermanschah-Bagdad gelegenen westpersischen Stadt Kerind entdeckt. Die persische Pflanze weicht unbedeutend im Bau der Hüllspelze von der syrischen Pflanze ab. Man kann beide als selbständige Formen des Formenkreises *Triticum dicoccoides* Kcke. betrachten;[1]) wahrscheinlich bestehen von diesem auch noch weitere Formen in anderen Gegenden Vorderasiens.

Es kann wohl nicht bezweifelt werden, daß *Tr. dicoccoides* die Stammart von *Tr. dicoccum* ist, von dem es im wesentlichen nur durch leichtere Früchte sowie dadurch abweicht, daß bei der Fruchtreife die Achse seiner Ähre stets von selbst, nicht wie bei *Tr. dicoccum* erst bei einem Schlag oder Druck auf die Ähre, in ihre Glieder zerfällt, und daß sie an den Kanten und an der Ansatzstelle der Ährchen, vorzüglich vorn dicht unter der Mitte der Ansatzstelle, länger und dichter — weißgrau — behaart ist als die von *Tr. dicoccum,* die an diesen Stellen vielfach fast ganz oder ganz kahl ist. Wahrscheinlich stammen von der syrischen und der persischen Form von *Tr. dicoccoides* — und wahrscheinlich auch noch von anderen, noch nicht aufgefundenen oder schon ausgestorbenen Formen dieser Art — Formen von *Tr. dicoccum* ab. Bei den meisten heutigen Formen von *Tr. dicoccum* gleicht die Hüllspelze der der syrischen Form oder ist ihr sehr ähnlich, doch dürfte *Tr. dicoccum* wohl hauptsächlich in östlich von Syrien gelegenen Strichen Vorderasiens — in der Kultur — aus *Tr. dicoccoides* entstanden sein.

Eine Triticumart, als deren Kulturformengruppe man *Triticum Spelta*, den Dinkel, ansehen könnte,[2]) ist bisher noch nicht bekannt geworden.[3]) Ich bin jedoch überzeugt,

---

[1]) Ich habe die syrische Form *Tr. dicoccoides* Kcke. form. *Kotschyana*, die persische *Tr. dicoccoides* Kcke. form. *Straussiana* genannt.

[2]) An eine Abstammung des Dinkels vom Emmer oder von seiner Stammart läßt sich natürlich nicht denken.

[3]) Es ist ausgeschlossen, daß *Tr. Spelta* von *Aegilops cylindrica,*

daß die Stammart dieser Formengruppe noch heute lebt, aber nur noch nicht aufgefunden worden ist. Wahrscheinlich wächst oder wuchs sie in höheren Gegenden des Euphrat-Tigrisgebietes. Sie weicht von *Tr. Spelta* wohl in derselben Weise ab wie *Tr. aegilopoides* von *Tr. monococcum* und *Tr. dicoccoides* von *Tr. dicoccum*, nämlich durch leichtere Früchte, größere Brüchigkeit der Achse der reifen Ähre sowie längere und dichtere Behaarung der Ährenachse an ihren Kanten und an den Ansatzstellen der Ährchen.

Wenn also auch nicht von allen drei Spelzweizenformengruppen, so sind doch wenigstens von zwei von diesen nahe verwandte Arten bekannt, die man für ihre Stammarten erklären kann. Anders liegt es bei den Nacktweizen. Es ist keine Triticumart bekannt, die diesen so nahe steht, daß man sie als ihre Stammart ansehen könnte. *Triticum aegilopoides* und *Tr. dicoccoides* sind die einzigen bekannten dem Weizen nahestehenden — spontanen — Triticumarten; sie bilden mit ihm zusammen die Sektion *Eutriticum* der Gattung *Triticum*. Deshalb haben viele Forscher die Stammart oder die Stammarten der Nacktweizen unter den Arten der verwandten Triticumsektion *Aegilops* gesucht, und manche Forscher tun es noch heute, obwohl es doch viel näher liegt, die Nacktweizen gar nicht direkt von spontanen Formen abzuleiten, sondern von Spelzweizen, die, wie dargelegt wurde, sämtlich Kulturformen sind. Denn die Spelzweizen weichen ja, wie wir gesehen haben, in dem einen der Punkte, durch die sich die Nacktweizen von den Spelzweizen unterscheiden, nämlich hinsichtlich des Zusammenhanges der Glieder der Achse der reifen Ähre, schon nicht unwesentlich von ihren Stammarten ab, bei denen sich diese regelmäßig von selbst voneinander ablösen. Es läßt sich deshalb vorstellen, daß die Achsenglieder die Eigenschaft, sich bei der Fruchtreife von-

---

die Stapf als seine Stammart ansieht, abstammt. Die Unterschiede zwischen beiden sind sehr bedeutend.

einander abzulösen, ganz verlieren können, daß also die reife Ährenachse eine Beschaffenheit erhalten kann, wie wir sie bei den Nacktweizen finden. Daß diese Vorstellung durchaus zulässig ist, erkennt man am Roggen und an der Saatgerste, die eine bei der Fruchtreife nicht in ihre einzelnen Glieder von selbst zerfallende oder zerlegbare, sondern meist sehr zähe Ährenachse haben, während die Ährenachse ihrer Stammarten wie die von *Triticum aegilopoides* und *Tr. dicoccoides* regelmäßig bei der Fruchtreife von selbst in ihre Glieder zerfällt. Mit der Festigkeit der reifen Ährenachse steht aber, wie gesagt wurde, der Zusammenschluß der Spelzen der reifen Ähre in Korrelation; je fester die Ährenachse ist, desto weniger fest schließen die Spelzen zusammen. Bei manchen Spelzweizenformen ist in der Tat der Zusammenschluß der Spelzen wesentlich weniger fest als bei den Stammarten. Allerdings kommen als Stammformen der Nacktweizen nicht heute existierende, sondern ausgestorbene Spelzweizenformen in Frage.

Die Gruppe der Nacktweizen läßt sich in zwei Untergruppen zerlegen. Es gehören zu der ersten Untergruppe *Triticum durum*, *Tr. polonicum* und *Tr. turgidum*, zu der zweiten *Triticum compactum*, *Tr. vulgare* und *Tr. capitatum.* Die erste dieser Untergruppen schließt sich an *Tr. dicoccum*, die andere schließt sich an *Tr. Spelta* an. Die Formengruppen jener Untergruppe und *Tr. dicoccum* bilden die Weizen der *Triticum dicoccum*- oder Emmer-Reihe, die Formengruppen dieser Untergruppe und *Tr. Spelta* bilden die Weizen der *Triticum Spelta*- oder Dinkel-Reihe. Die Weizen der Emmerreihe und die der Dinkelreihe bilden zusammen die eigentlichen Weizen.

Triticum dicoccum und *Tr. Spelta* unterscheiden sich hauptsächlich durch die Stellung der Seitenährchen an der Ährenachse, durch die Lage und Gestalt der Hüllspelzen der Seitenährchen sowie durch die Beschaffenheit der oberen Halmpartie. Bei *Tr. dicoccum* stehen die Ährchen dicht gedrängt an der Ährenachse. Ihre Hüllspelzen, die bis zur Basis scharf gekielt sind, sind so gedreht, daß deren vordere

— größere —, wenig gewölbte Partien auf jeder der zweizeiligen Ährenseiten ungefähr in einer Ebene liegen. Der Kiel ist meist recht stark konvex gekrümmt, so daß die Spitze seines meist kräftigen Zahnes nach dem in der Regel neben der Basis des Kielzahnes stehenden, meist recht deutlichen Zahne der vorderen Partie hin gerichtet ist. Der in diesen Zahn auslaufende Nerv, der vielfach oben etwas mit dem Kiele konvergiert, tritt meist sehr deutlich, bei manchen Formen fast kielartig, hervor. Bei der Mehrzahl der Formen von *Tr. dicoccum* sind die Deckspelzen langbegrannt. Der Halm der meisten Formen von *Tr. dicoccum* ist oben entweder ganz oder mit Ausnahme eines engen Zentralkanals mit Mark gefüllt.

Bei den meisten Formen von *Triticum Spelta* stehen die Ährchen ziemlich locker an der Ährenachse, die bei allen Formen an den Kanten meist deutlich behaart zu sein scheint. Die Hüllspelzen, die vielfach im unteren Teile nur schwach gekielt sind, sind so gedreht, daß die vorderen — größeren — Partien, die etwas stärker als bei *Tr. dicoccum* gewölbt zu sein pflegen, auf jeder der zweizeiligen Ährenseiten nicht wie bei *Tr. dicoccum* ungefähr in einer Ebene liegen, sondern mehr oder weniger gegen diese geneigt sind. Der in den Zahn dieser Partie auslaufende Nerv tritt wenig, bei manchen Formen weniger als andere Längsnerven dieser Partie, hervor. Er verläuft in ziemlich weitem Abstande von dem Kiele, so daß sein oft sehr undeutlicher Zahn[1]) ziemlich weit entfernt von dem vielfach nur schwach ausgebildeten und oft sehr stumpfen Kielzahne steht. Bei dem einen Teile der Formen sind die Deckspelzen langbegrannt, bei dem anderen sind sie kurzbegrannt oder unbegrannt. Der Halm hat oben einen weiten zentralen Hohlraum.

Von den zu der Emmerreihe gehörenden Nacktweizenformengruppen sind zwei, *Triticum durum* und *Tr. polonicum*, offenbar näher miteinander verwandt als mit der dritten,

---

[1]) In vielen Fällen ist überhaupt kein Zahn vorhanden.

Tr. turgidum. In ihrem Aussehen weichen sie allerdings erheblich voneinander ab. Denn bei *Tr. polonicum* überragen die Hüllspelzen meist die beiden untersten Deckspelzen, die stets die oberen Deckspelzen, in der Regel sogar erheblich, überragen, während bei den übrigen Weizen die oberen Deckspelzen die beiden untersten und diese die Hüllspelzen, vielfach allerdings nur unbedeutend, überragen. Außerdem sind bei *Tr. polonicum* die Hüllspelzen und die Deckspelzen im reifen Zustande papierartig, nicht wie bei den übrigen Weizen pergamentartig. Diese beiden Eigenschaften, die offenbar miteinander in Korrelation stehen, lassen das hierdurch und durch seine großen Ähren sehr auffällige *Tr. polonicum* als eine konstant gewordene Mißbildung erscheinen. Diese kann nur aus *Tr. durum* hervorgegangen sein, das mit *Tr. polonicum* im übrigen übereinstimmt.[1])

Bei einem Teile der Formen von *Triticum durum* läßt sich die reife Ähre im Aussehen nur durch den etwas lockereren Zusammenschluß der Spelzen von der von *Tr. dicoccum* unterscheiden. Die Ähre hat wie die dieser Formengruppe einen rechteckigen Querschnitt — wobei wie bei dieser die zweizeiligen Ährenseiten die langen Seiten des Rechtecks bilden — und ihre Hüllspelzen haben dieselbe Stellung[2]) und denselben Bau wie die von *Tr. dicoccum.* Die Formen von *Triticum turgidum simplex* haben infolge der Anzahl — meist drei oder vier — und der Größe ihrer Früchte einen quadratischen oder einen rechteckigen Ährenquerschnitt — wobei die zweizeiligen Ährenseiten die kurzen Seiten des Rechtecks bilden — und weichen auch in der Beschaffenheit ihrer Früchte von diesen *Tr. durum*-Formen ab. Die Frucht von *Tr. turgidum* ist meist verhältnismäßig dick und an den Enden abgerundet sowie innen meist

---

[1]) Die Zwischenformen zwischen *Triticum durum* und *Tr. polonicum* sind wohl Bastarde zwischen beiden.

[2]) Bei den dreifrüchtigen Formen sind sie hin und wieder etwas verschoben.

mehlig und weich, die von *Tr. durum* ist dagegen meist verhältnismäßig dünn und an beiden Enden verschmälert, sowie innen meist glasig und hart. Es gibt aber auch Formen von *Tr. durum* mit quadratischem Ährenquerschnitt; diese lassen sich jedoch durch die Beschaffenheit ihrer Früchte von *Tr. turgidum simplex* unterscheiden. Die Formen, bei denen man im Zweifel bleibt, ob sie zu *Tr. durum* oder *Tr. turgidum* gehören, sind offenbar aus Kreuzungen zwischen diesen beiden Formengruppen hervorgegangen.

Auch durch das Vorhandensein von Formen mit verzweigter Ährenachse oder mit zwei oder drei Ährchen an Stelle des einzelnen Ährchens unterscheidet sich *Tr. turgidum* von *Tr. durum*; es gleicht in dieser Hinsicht *Tr. dicoccum*, dem es sonst ferner als *Tr. durum* steht.

Hinsichtlich des Baus des Halmes, der Stellung der Ährchen an der Ährenachse und der Behaarung der Ährenachse stimmen *Tr. durum* und *Tr. turgidum simplex*, deren Deckspelzen stets langbegrannt sind, mit den Formen von *Tr. dicoccum* mit unverzweigter Ährenachse, und *Tr. turgidum compositum* mit den Formen von *Tr. dicoccum* mit verzweigter Ährenachse überein.

Es bestehen somit außer den allgemeinen Unterschieden zwischen den Spelzweizen und den Nacktweizen keine wesentlichen Unterschiede zwischen *Tr. dicoccum* einerseits, den Nacktweizen der Emmerreihe andererseits. Es widerspricht also nichts der Annahme, daß die Nacktweizen dieser Reihe von *Tr. dicoccum* abstammen, allerdings, wie ich schon hervorgehoben habe, nicht von heute existierenden Formen, sondern von ausgestorbenen Formen oder Formenkreisen.

Die beiden alten Nacktweizenformengruppen der Dinkelreihe, *Triticum compactum* und *Tr. vulgare,* werden gegenwärtig meist miteinander zu einer Formengruppe vereinigt. Sie unterscheiden sich jedoch so erheblich, daß ich es mit Koernicke für richtig halte, sie als besondere Formengruppen zu betrachten. Die Ähren von *Tr. compactum* sind meist nur zwei- bis dreimal so lang als breit, während die von *Tr. vulgare* meist bedeutend länger als breit sind. Bei *Tr. compactum* sind die Glieder der Ährenachse so kurz, daß die Ährchen derselben Ährenseite fest aufeinander liegen und bei manchen Formen fast senkrecht auf der Ährenachse stehen. Bei *Tr. vulgare* sind die Glieder der Ährenachse länger, die Ährchen liegen viel weniger fest als bei *Tr. compactum* oder gar nicht aufeinander und sind schräg aufwärts gerichtet. Der Querschnitt der Ähren von *Tr. vulgare* ist entweder quadratisch oder — meist — rechteckig, wobei die zweizeiligen Seiten der Ähre die kurzen Seiten des Rechtecks bilden. Der Querschnitt der Ähre von *Tr. compactum* ist entweder quadratisch oder — meist — rechteckig, wobei die zweizeiligen Seiten der Ähre die langen Seiten des Rechtecks bilden.

Beide Formengruppen sind durch zahlreiche Formen miteinander verbunden, die in mannigfaltiger Weise die Eigenschaften beider in sich vereinigen. Diese Formen können in eine dritte Formengruppe zusammengefaßt werden, die man deutsch nach der englischen Bezeichnung für die auffälligsten von ihnen als die der Squarehead- oder Dickkopfweizen, wissenschaftlich als *Tr. capitatum* bezeichnen kann. Die zu dieser Formengruppe gehörenden Formen sind, was vorzüglich die Untersuchungen von v. Rümker gezeigt haben, aus Kreuzungen zwischen *Tr. compactum* und *Tr. vulgare* hervorgegangen.

Die drei Nacktweizenformengruppen der Dinkelreihe stimmen im Bau und in der Lage ihrer Hüllspelzen sowie in der Behaarung der Ährenachse im wesentlichen mit *Tr. Spelta* überein. Wie bei diesem hat auch bei ihnen der eine Teil der Formen unbegrannte, der andere begrannte Deckspelzen. In der Stellung der Ährchen an der Ährenachse weichen allerdings *Tr. compactum* und *Tr. capitatum* erheblich von *Tr. Spelta* ab, während *Tr. vulgare* auch hierin mit *Tr. Spelta* übereinstimmt, von dem sich manche seiner Formen im Aussehen nur durch den lockereren Spelzenschluß unterscheiden, der in Verbindung mit der größeren Fruchtzahl eine Verbreiterung der einzeiligen Ährenseite zur Folge hat. Trotz der Unterschiede zwischen *Tr. compactum* (nebst *Tr. capitatum*) und *Tr. Spelta* scheint mir die vorhin geäußerte Annahme durchaus zulässig, daß die Nacktweizen der Dinkelreihe von *Tr. Spelta* abstammen, allerdings von gegenwärtig nicht mehr existierenden Formen oder Formenkreisen dieser Formengruppe. Die Verkürzung der Ährenachse hat sich bei *Tr. compactum* vielleicht erst nach seiner Entstehung ausgebildet.

Es bilden also die Kulturformengruppen und die — spontanen — Arten von *Eutriticum* drei Reihen, die Einkorn-, die Emmer- und die Dinkelreihe. Die Emmerreihe und die Dinkelreihe stehen einander näher als der Einkornreihe, ihre Kulturformengruppen bilden die eigentlichen Weizen. Von der Emmerreihe sind die Stammart, eine Spelzweizenformengruppe und drei Nacktweizenformengruppen, von denen die eine eine konstant gewordene Mißbildung darstellt, bekannt. Von der Dinkelreihe ist die Stammart noch nicht nachgewiesen worden; es sind von dieser Reihe eine Spelzweizenformengruppe und drei Nacktweizenformengruppen, von denen die eine erst spät aus Kreuzungsprodukten von Formen der beiden anderen Gruppen entstanden ist, bekannt. Von der Einkornreihe ist nur die Stammart und eine Spelzweizenformengruppe bekannt. Nacktweizen dieser Reihe sind wohl nicht gezüchtet worden.

In tabellarischer Form läßt sich das Verwandtschaftsverhältnis der Arten und der Kulturformengruppen von *Eutriticum* in folgender Weise darstellen:

	Stammart	Kulturformengruppen		
		Spelzweizen	Nacktweizen	
			normal	mißbildet
Einkornreihe	*Tr. aegilopoides*	*Tr. monococcum*	wohl nicht gezüchtet	wohl nicht gezüchtet

	Stammart	Kulturformengruppe		
		Spelzweizen	Nacktweizen	
			normal	mißbildet
Emmer-reihe	*Tr. dicoccoides*	*Tr. dicoccum*	*Tr. durum* → *Tr. turgidum* →	*Tr. polonicum* nicht bekannt
Dinkel-reihe	nicht bekannt	*Tr. Spelta*	*Tr. compactum* *Tr. vulgare* *Tr. compactum* × *vulgare* = *capitatum*	nicht bekannt

---

II.

Nach der Behandlung der Abstammung des Weizens wenden wir uns nun zur Betrachtung seiner Geschichte in der menschlichen Kultur.

1.

In Europa tritt uns der Weizen als Kulturpflanze zuerst in der neolithischen Periode entgegen. Diese Periode ist der älteste Zeitabschnitt, wo sich hier der Anbau von Gewächsen mit Sicherheit nachweisen läßt. Es wird zwar neuerdings vielfach behauptet, daß in Europa, wenigstens in Westeuropa, schon in der palaeolithischen Zeit Gewächse, darunter auch Weizen, angebaut worden seien, doch sind meines Erachtens die Untersuchungen, auf die sich diese Behauptungen gründen, ohne Sachkenntnis und Kritik ausgeführt worden, so daß ihre Ergebnisse keinen Glauben verdienen, die Behauptungen somit unbegründet sind. In der neolithischen Periode scheinen in Europa aber von Anfang an Gewächse, und unter ihnen auch der Weizen, kultiviert worden zu sein. Der Weizen war in der neolithischen Periode wahrscheinlich in allen damaligen europäischen

Getreideanbaugebieten — in Südschweden und Dänemark, in Frankreich und Belgien, in dem nördlich des Alpenvorlandes gelegenen Teile Deutschlands nebst den österreichischen Sudetenländern, im zirkumalpinen Pfahlbautengebiete, in Ungarn, in Bosnien und auf den drei südeuropäischen Halbinseln — das Hauptgetreide und die wichtigste Kulturpflanze überhaupt.

Wohl in allen genannten Gebieten wurde damals sowohl Spelzweizen als auch Nacktweizen angebaut; wahrscheinlich überwog in allen der Anbau des Nacktweizens den des Spelzweizens.

*

Von den drei heute vorhandenen Spelzweizenformengruppen waren in Europa in der neolithischen Periode sicher Einkorn und Emmer in Kultur.

Das Einkorn scheint damals mehr als der Emmer angebaut worden zu sein. Es ist zwar wenig ergiebig, war aber zweifellos in jenen primitiven Zeiten wegen seiner Anspruchslosigkeit sehr wertvoll. Neolithische Einkornreste sind in Dänemark, im zirkumalpinen Pfahlbautengebiete (in der Schweiz und in Württemberg), in Ungarn und in Bosnien gefunden worden. In Ungarn und Bosnien war das Einkorn damals eine der wichtigsten Kulturpflanzen. Die Früchte der damals in diesen beiden Ländern angebauten Einkornform sind sehr klein.

In Europa hat sich der Anbau des Einkorns offenbar ununterbrochen von der neolithischen Periode bis jetzt erhalten. Nachneolithische prähistorische Einkornreste scheinen hier allerdings nur in Ungarn — diese stammen aus der Bronzezeit — gefunden zu sein. Auch aus der historischen Zeit stammende Einkornreste sind bisher nur einmal, bei Aquilegia, gefunden worden; sie gehören der römischen Kaiserzeit an.

Ebenso sind nur spärliche literarische Angaben über den Anbau des Einkorns in Europa in der historischen Zeit vom Altertume bis zum Beginne der Neuzeit vorhanden. Ein Anbau des Einkorns in Hellas, in Mittel- und Süditalien sowie auf der Iberischen Halbinsel im Altertum und im Mittelalter läßt sich auf Grund dieser Angaben nicht nachweisen. Das Einkorn wird zwar von griechischen Schriftstellern mehrfach erwähnt, doch kannten sie es vielleicht alle nur als Kulturpflanze des griechischen Kleinasiens.

Gegenwärtig wird das Einkorn im europäischen Mittelmeergebiete vorzüglich in Spanien landwirtschaftlich angebaut; noch vor wenigen Jahrzehnten war es hier in allen Provinzen eine häufige Kulturpflanze. In Spanien scheinen alle bekannten Einkornformen angebaut zu werden, am häufigsten die Form *flavescens* Kcke., deren reif rötlichgelbe, glanzlose, kahle Ährchen nach Koernickes Angabe in der Regel zwei Früchte enthalten. Im französischen Mittelmeergebiete ist das Einkorn, das hier nur noch wenig angebaut wird, strichweise, so z. B. im Departement Hérault, ein lästiges Ackerunkraut geworden.

In Schweden und Dänemark scheint der landwirtschaftliche Anbau des Einkorns schon in der vorliterarischen Zeit aufgehört zu haben. Dagegen wird das Einkorn in Deutschland wohl ununterbrochen seit der prähistorischen Zeit landwirtschaftlich angebaut, wenn sich auch sein Anbau seitdem offenbar erheblich vermindert hat. Heute ist es hier noch in Süddeutschland, namentlich in Württemberg, in der Rhön und in Südthüringen in regelmäßiger landwirtschaftlicher Kultur.

In Südthüringen wurde es noch vor zwanzig bis dreißig Jahren bei Ohrdruf, Arnstadt, Kranichfeld, Tannroda, Blankenhain, Jena, Stadtilm, Stadtremda und Rudolstadt viel angebaut. Seitdem nimmt sein Anbau hier aber ständig ab, obgleich es mit sehr flachgründigem, trockenem Kalkboden, der nicht gedüngt zu werden braucht, vorlieb nimmt, auch in sehr kalten Wintern nicht erfriert und zu einer Zeit — von Mitte August bis Anfang September — geerntet und gesät wird, wo wenig andere landwirtschaftliche Arbeit zu verrichten ist. Die schlechteren der bisherigen Einkornäcker werden jetzt meist aufgeforstet oder als Schafweiden benutzt, die besseren werden gut gedüngt und mit anderem Getreide oder mit Futterkräutern bestellt. Wenn das Einkorn nicht wohlschmeckende Graupen lieferte, die von den Bewohnern jener südthüringischen Striche den Gerstengraupen vorgezogen werden, so wäre sein Anbau hier wahrscheinlich schon vollständig aufgegeben worden. Backwerk wird hier aus dem Einkorn wohl nur noch wenig bereitet, doch dient es noch hin und wieder als Viehfutter.

Außer in Deutschland wird das Einkorn gegenwärtig nördlich des Mittelmeergebietes noch in Belgien, in einigen Strichen Frankreichs, in der Schweiz, in einigen der österreichischen Alpenländer, in Ungarn und Siebenbürgen, in Dalmatien, der Herzegowina, Serbien und Bulgarien regelmäßig landwirtschaftlich angebaut, doch, wie es scheint, überall nur in bescheidenem Umfange und meist nur an Stellen, wo andere Getreide, die sämtlich anspruchsvoller als das Einkorn sind, nicht angebaut werden können. Die häufigste Einkornform der nördlich des Mittelmeergebietes gelegenen Gegenden, in manchen von ihnen [1]) wahrscheinlich sogar die einzige, ist *Tr. monococcum Hornemanni* Clemente, Kcke., die sich aus einer Anzahl nur wenig voneinander abweichender, zum Teil vielleicht nicht konstanter Unterformen zusammensetzt. Sie hat von allen Einkornformen die größten und reif am kräftigsten gelbrot oder braunrot gefärbten — mehr oder weniger behaarten — Ähren, deren Ährchen aber meist nur je eine Frucht enthalten.

Neolithische Reste des Emmers sind in Europa in Dänemark, Deutschland (bei Bruchsal und Heidelberg), Böhmen (bei Kl.-Czernosek) und im zirkumalpinen Pfahlbautengebiete (in der Schweiz) nachgewiesen. Der neolithische Pfahlbautenemmer scheint grannenlos gewesen zu sein. Im Schweizer Jura ist noch in der zweiten Hälfte des 19. Jahrhunderts ein wenig begrannter Emmer angebaut worden. Da in Europa auch bronzezeitliche Emmerreste, und zwar in Pfahlbautenüberresten bei Auvernier am Neuchâtelersee und auf der Petersinsel im Bielersee sowie

---

[1]) So in Thüringen.

in der Sirgensteinhöhle bei Schelklingen in Schwaben, aufgefunden sind, so darf man wohl annehmen, daß sich der Anbau des Emmers ebenso wie der des Einkorns in Europa ununterbrochen seit der neolithischen Periode erhalten hat.

Im historischen Altertum tritt uns der Emmer in Italien als eins der wichtigsten Getreide entgegen. Ich bin wenigstens der Ansicht, daß das von den römischen Schriftstellern des ersten Jahrhunderts vor Christi Geburt und des ersten Jahrhunderts nach Christi Geburt far, seltener far adoreum oder semen adoreum oder einfach adoreum genannte Getreide, das sie für das älteste und ursprünglich einzige Getreide Latiums ansahen, Emmer war. Far war offenbar in Italien vor dem Beginne unserer Zeitrechnung lange eins der am meisten kultivierten Getreide, strichweise vielleicht das am meisten kultivierte. Und es wurde hier auch noch im ersten Jahrhundert nach Christi Geburt in manchen Gegenden, z. B. in Campanien, viel angebaut.

Leider beschreibt kein römischer Schriftsteller das far so deutlich, daß man mit Bestimmtheit sagen kann, es gehöre zu *Triticum dicoccum* und nicht, wie vielfach angenommen wird, zu *Tr. Spelta.* Nur das läßt sich auf Grund der Aussagen der römischen Schriftsteller behaupten, daß far ein Spelzweizen war. Wir erfahren von diesen Schriftstellern, namentlich von M. Terentius Varro, L. Junius Moderatus Columella und C. Plinius Secundus,[1]) nämlich, daß far sich schwer ausdreschen ließe und deshalb auf der Tenne nur vom Stroh und den Grannen befreit und mit den Spelzen (also als Vesen) eingescheuert zu werden pflege. Wolle man die nackte Farfrucht benutzen, so müsse man die Farvesen rösten; nur dann ließen sich die Spelzen bequem von der Frucht entfernen. Beim far sei dem Maße nach doppelt so viel Aussaat als beim Nacktweizen (*Triticum* und *Siligo*) nötig, da er mit seinen Spelzen (also als Vesen) ausgesät werde.

---

[1]) Varro und Columella haben Handbücher der Landwirtschaft, Plinius hat eine „Naturgeschichte“ veröffentlicht.

Plinius schreibt an einer Stelle seiner Naturgeschichte dem far Grannen zu.[1]) Diese Stelle ist so anschaulich, daß man annehmen muß, sie beruhe auf Plinius' eigener Beobachtung und die in ihr geschilderten Verhältnisse wären die zu seiner Zeit, also in der zweiten Hälfte des ersten Jahrhunderts nach Christi Geburt, in Italien oder wenigstens in den Rom benachbarten Landschaften normalen gewesen. Ihr widerspricht nun aber eine andere Stelle desselben Werkes, wo dem far die Grannen abgesprochen werden. Ich halte es für recht wahrscheinlich, daß Plinius sich bei dieser zweiten Aussage auf fremde Angaben stützt und vergessen hat, beide Aussagen miteinander in Einklang zu bringen. Wahrscheinlich bezieht sich die zweite Aussage gar nicht auf italische Verhältnisse. Dafür sprechen die ihr vorausgehenden und die ihr folgenden Zeilen, in denen griechische und orientalische Verhältnisse behandelt sind.[2]) Bezieht sie sich aber wie die erste auf italische Verhältnisse zur Zeit des Plinius, so würde also in Italien im ersten Jahrhundert unserer Zeitrechnung unbegranntes

---

[1]) Nach Hoops' Meinung ist die ursprüngliche Bedeutung von far höchst wahrscheinlich Grannengetreide, hauptsächlich Gerste. Außer zur Bezeichnung des Getreides selbst diente das Wort far auch zur Bezeichnung des aus ihm hergestellten Breies.

[2]) Hoops legt das meiste Gewicht auf die zweite Stelle und schließt aus ihr, daß das far des Plinius der Dinkel, der meist, im Gegensatz zu dem fast regelmäßig begrannten Emmer, keine Grannen habe, nicht, wie De Candolle und Buschan annehmen, der Emmer sei. „Der Gegensatz zwischen den beiden Stellen ist wohl nur entweder so zu verstehen, daß Plinius das eine Mal Kolben-, das andere Mal Grannenspelz im Sinne hatte, oder aber, daß far an der ersten Stelle alle Spelzweizen im allgemeinen bezeichnete. Daß Plinius über den landwirtschaftlichen Sprachgebrauch hinsichtlich des Ausdruckes far nicht zuverlässig unterrichtet gewesen sei, können wir kaum annehmen." Meines Erachtens muß man jedoch das Hauptgewicht auf die erste Stelle legen, die wie ich glaube auf eigener Beobachtung beruht — während ich die zweite für eine sich nicht auf italische Verhältnisse beziehende Lesefrucht halten möchte —, und aus ihr schließen, daß das far Mittel- und Süditaliens — wenigstens damals — in der Regel begrannt war.

und — offenbar hauptsächlich — begranntes far angebaut worden sein. Wenn das begrannte far zu den noch heute vorhandenen Spelzweizenformengruppen gehört, so kann es, da offenbar das Einkorn nicht in Frage kommt, sowohl Emmer als auch Dinkel gewesen sein. Denn bei beiden kommen begrannte und unbegrannte Formen vor. Beim Dinkel herrschen heute die letzteren allerdings weitaus vor, doch werden gerade in Südeuropa auch begrannte Formen — so *Tr. Spelta Arduini* Mazzucato — angebaut. Beim Emmer herrschen dagegen die begrannten Formen vor, doch scheinen im Mittelmeergebiete auch unbegrannte oder kurzbegrannte Formen angebaut zu werden oder früher angebaut worden zu sein, z. B. *Tr. dicoccum muticum* Bayle-Barelle und *Tr. dicoccum tricoccum* Schübler. Auch der Emmer der neolithischen Pfahlbautenbewohner der Schweiz hatte, wie schon vorhin gesagt wurde, offenbar keine Grannen.

Leider erhalten wir, wie bereits angedeutet wurde, auch durch Columella, den bedeutendsten landwirtschaftlichen Schriftsteller der Römer, einen Zeitgenossen des Plinius, in dieser Angelegenheit keine Aufklärung. Columella war ein praktischer Landwirt, der nur für die gebildeten Landwirte seiner Zeit schrieb und ausschließlich solche Getreide behandelte, die jeder der damaligen gebildeteren Landwirte kannte. Wir erfahren von ihm nur, daß zu seiner Zeit — offenbar in Italien — hauptsächlich vier Farformen angebaut wurden, die sich zum Teil offenbar vorzüglich durch die Farbe ihrer reifen Ähre unterschieden. Eine von diesen Formen, das clusinische far, hatte eine glänzend weiße Ähre. Zwei andere Formen, von denen die eine, das rötliche far vennuculum, eine rötliche, die andere, das weiße far vennuculum, eine glänzend weiße Ähre hatte, hatten schwerere Früchte als das clusinische far. Die vierte Form, das far halicastrum,[1]) das ein Drei-

[1]) Es läßt sich nicht mit Sicherheit sagen, was die Wörter *vennuculum* und *halicastrum* bedeuten.

monatsgetreide war, lieferte besonders schwere und wertvolle Früchte. Es kann das rötliche far vennuculum sehr wohl *Tr. dicoccum rufum* Schübler, das glänzend weiße far vennuculum sehr wohl *Tr. dicoccum farrum* Bayle-Barelle gewesen sein, die in der Gegenwart beide auch im Mittelmeergebiete — offenbar meist im Gemisch — angebaut werden. Doch können damit ebensogut *Tr. Spelta Duhamelianum* Mazzucato und *Tr. Spelta album* Alefeld, die ebenfalls beide meist im Gemisch angebaut werden, gemeint sein.

Die übrigen Aussagen der römischen Schriftsteller sind ebenso bedeutungslos für die Beantwortung dieser Frage. Im ersten Augenblick scheint es, als könnte eine von diesen Aussagen, nämlich die des Plinius, daß die Völker, von denen zea gebraucht würde, kein far hätten, zur Entscheidung dieser Angelegenheit beitragen.[1]) Beim näheren Zusehen erkennt man aber, daß dies leider nicht der Fall ist, da sich weder die Bedeutung der griechischen Wörter *ζέα* oder *ζειά*[2]) [zea oder zeia], noch die des lateinischen, aus dem Griechischen entlehnten Wortes zea feststellen läßt.[3]) Zea wurde nach Plinius' Angabe sehr viel in

---

[1]) Hoops schließt aus dieser Stelle, daß, da die griechische *ζεά* [zea] der Emmer sei, der meist Grannen habe, das römische far, dem Plinius — in der vorhin angeführten zweiten Stelle — Grannen abspräche, wohl nur der Dinkel gewesen sein könne. Daß ich diesem Schlusse nicht beistimmen kann, geht aus meinen obigen Darlegungen hervor.

[2]) Das Wort wurde ursprünglich wohl stets im Plural — *αἱ ζειαί* — gebraucht; später dagegen, z. B. bei Dioscorides und Galenos, ist der Singular gebräuchlich.

[3]) Ebensowenig gestattet eine weitere Aussage des Plinius, daß arinca, aus der ein sehr schmackhaftes Gebäck hergestellt werde, dichter (spissior) als far sei und eine größere und deshalb schwerere Ähre als dieses habe, eine sichere Deutung. Um mit Hoops aus dieser Stelle zu schließen, daß das far des Plinius eine lockere Ähre gehabt habe, müßte man doch erst wissen, was das Wort arinca, das sehr verschieden gedeutet wird, wirklich bedeutet habe. Und dann braucht spissior nicht den Gegensatz von locker auszudrücken, sondern

Campanien angebaut und führte hier den Namen semen, der unserer Bezeichnung Korn — für das Hauptgetreide einer Gegend — entspricht. Dieser Umstand läßt erkennen, daß zea in dieser schönsten und fruchtbarsten Landschaft Italiens eine bedeutende Rolle als Kulturpflanze spielte. Sie kann deshalb Columella nicht unbekannt geblieben sein, und sie würde von ihm in seinem Werke sicher erwähnt worden sein, wenn sie etwas anderes als far gewesen wäre. Auf eine Idendität der — campanischen — zea mit far[1]) kann auch aus der Angabe des Plinius, daß sich zea von far nur dadurch unterschiede, daß die aus zea hergestellte Stärke (amylum) gröber sei als die aus far bereitete, und aus der Tatsache, daß — wenigstens zu Varros Zeit, also im ersten Jahrhundert vor Christi Geburt — das campanische far das beste war, geschlossen werden. Zea war wohl nur die griechische Bezeichnung der griechischen Kolonisten Campaniens für far. Plinius schloß offenbar aus den verschiedenen Namen, daß auch die damit bezeichneten Getreide verschieden wären. Dagegen läßt sich aus dem Umstande, daß auch far häufig die Bezeichnung semen führt, nichts bezüglich der Identität von zea und far erschließen, da, wie schon gesagt wurde, offenbar semen dem deutschen Korn entspricht, also offenbar — wie dieses heute in Deutschland — zur Bezeichnung des wichtigsten Getreides der einzelnen Gegenden diente.[2])

---

kann sich auch auf die Dicke der Ähre oder ihre — große — Körnerzahl, ja auf die — große — Zahl der Halme, also auf die Bestockung der Pflanze, beziehen. Plinius' Aussage, arinca, die sowohl in Gallien als auch in Italien kultiviert werde, sei dasselbe Getreide wie die olyra der Griechen, ist natürlich wertlos. Sie ist offenbar nur eine durch den ähnlichen Klang beider Wörter veranlaßte Vermutung.

[1]) Auch der Historiker Dionysios von Halicarnassos erklärt — in seiner im Jahre 7 vor Christi Geburt vollendeten Römischen Archäologie — far und zea für identisch und sagt, daß in Italien viele und gute zea angebaut werde.

[2]) In dem Werke über die Landwirtschaft des im ersten Jahrhundert vor Christi Geburt lebenden M. Porcius Cato dient es offenbar zur Bezeichnung von Nacktweizen.

In der griechischen Literatur findet sich das Wort ζειά [zeia] mehrfach. Zuerst im vierten Buche der Odyssee; später z. B. in der bekannten Arzneimittellehre des Pedanios Dioscorides, eines Zeitgenossen von Plinius und Columella. Nach Dioscorides gab es zwei verschiedene ζειά [zeia], von denen die eine die einfache, ζειὰ ἁπλῆ [zeia haple], die andere die zweifrüchtige, ζειὰ δίκοκκος [zeia dikokkos] hieß. Da wir wohl unbedingt annehmen dürfen, daß Dioscorides' zeia Spelzweizen ist, denn er sagt, daß ihre Frucht von zwei Hüllen umschlossen sei, so liegt die — schon von Botanikern des sechzehnten Jahrhunderts ausgesprochene — Annahme sehr nahe, daß die zeia haple das Einkorn sei, das anderenfalls von Dioscorides nicht erwähnt sein würde, das ihm aber doch nicht unbekannt geblieben sein kann, da es sicher damals in Kleinasien, der Heimat des Dioscorides, wo es noch zu Galenos' Zeit, also fast ein Jahrhundert später, viel in Kultur war, angebaut wurde. Ist aber die zeia haple das sonst im Griechischen, z. B. von Theophrast, τίφη [tiphe] genannte Einkorn, so dürfte der Schluß ganz begreiflich sein, daß mit zeia dikokkos der Emmer gemeint sei, der im Aussehen dem Einkorn ja recht ähnlich ist und meist zwei Früchte im Ährchen ausbildet. Es ist meines Erachtens aber recht fraglich, ob dieser Schluß auch richtig ist. Denn es gibt, wie dargelegt wurde, auch eine Form des Einkorns, deren Ährchen meist zwei Früchte enthält. Diese wurde in der neolithischen Zeit in der Troas angebaut. Es ist deshalb recht wahrscheinlich, daß sie auch noch zu Dioscorides' Zeit in Kleinasien in Kultur war und daß Dioscorides sie kannte. Und es ist somit nicht ausgeschlossen, daß Dioscorides sie mit seiner zeia dikokkos gemeint hat. Dies nahm schon Link an.

Vor Dioscorides' Zeit findet sich das Wort zeia außer in der Odyssee auch bei Herodot und Theophrast. Herodot sagt im zweiten Buche seines Geschichtswerkes, daß die Ägypter ihr Backwerk nicht wie die meisten anderen Völker aus Weizen und Gerste herstellten, sondern aus *ὄλυρα* (*ὄλυραι*)[1] [olyra, olyrai], die von manchen *ζειά* (*ζειαί*) [zeia, zeiai] genannt werde. Es war also zu Herodots Zeit zeia (zeiai) und olyra (olyrai) dasselbe Getreide[2]) und offenbar olyra (olyrai) sein gebräuchlicherer Name. Da nun auf Grund von gefundenen Resten sich bestimmt behaupten läßt, daß in Ägypten in älterer Zeit Emmer angebaut worden ist, der Anbau von Dinkel in Ägypten im ganzen Altertum aber nicht nachgewiesen ist, so darf man wohl annehmen, daß auch noch zu Herodots Zeit in Ägypten Emmer, aber kein Dinkel angebaut wurde. Es ist also sehr wahrscheinlich, daß Herodots olyra und damit auch seine zeia der Emmer war. Auch Dioscorides erwähnt ein *ὄλυρα*[3]) [olyra] genanntes Getreide, das nach seiner Aussage zu derselben Gattung wie *ζειά* [zeia] gehörte, d. h. dieselben wesentlichen Eigenschaften wie diese hatte, also ebenfalls ein Spelzweizen war. Der Nährwert der olyra war geringer als der der zeia. Zu Dioscorides' Zeit scheint also olyra nicht mit zeia identisch gewesen zu sein. Ich vermute, daß zeia der Name für langbegrannte Formen, olyra dagegen der Name für kurz- oder unbegrannte Formen des Emmers war. Vielleicht war das schon zu Herodots Zeit so. Wahrscheinlich wurde damals in Ägypten vorzüglich kurz- oder unbegrannter Emmer angebaut. Dagegen hält Hoops, der Dioscorides' zeia dikokkos für den Emmer erklärt, die Annahme für zulässig, daß Dioscorides' olyra der Dinkel gewesen sei.[4]) Für diese Annahme spricht meines Erachtens nichts, gegen sie scheint mir aber der

---

[1]) Auch dieses Wort wurde ursprünglich nur im Plural gebraucht.

[2]) Das scheint auch früher, zur Zeit der Entstehung der Homerischen Gedichte, der Fall gewesen zu sein, denn während in der Odyssee nur zeia (zeiai) vorkommt, findet sich im fünften und sechsten Buche der Ilias nur olyra (olyrai). Sowohl zeiai wie olyrai dienten damals als Pferdefutter.

[3]) Zu Dioscorides' Zeit war offenbar auch von olyra nur der Singular gebräuchlich.

[4]) Über die Bedeutung der Wörter *ζειά* und *ὀλύρα* — so betont — in Theophrasts Naturgeschichte der Pflanzen läßt sich meines Erachtens gar nichts sagen.

Umstand zu sprechen, daß olyra minderwertiger als zeia war, während doch der Dinkel wesentlich wertvoller als der Emmer ist.

Das Wort zeia scheint bald nach Dioscorides aus der lebenden Sprache verschwunden zu sein, denn Claudios Galenos, der bedeutendste der griechischen medizinischen Schriftsteller, dem wir auch zahlreiche wertvolle Angaben über die Kulturgewächse und die vegetabilischen Nahrungsmittel seiner Zeit verdanken, hatte weder selbst auf seinen Reisen ein ζειά oder ζέα [zeia oder zea] genanntes Getreide gesehen, noch von anderen gehört, daß ihnen ein solches bekannt geworden wäre. Wohl kannte er einen ὀλύρα [olyra] genannten Spelzweizen, der damals in Kleinasien, vorzüglich bei Pergamon in Mysien, der Vaterstadt des Galenos, zusammen mit dem von ihm τίφη [tiphe] genannten Einkorn angebaut wurde. Die olyra, die eine weiße, kleberarme Frucht hatte, diente hier ebenso wie das Einkorn der ländlichen Bevölkerung zur Herstellung von Backwerk. Das aus guter olyra bereitete Gebäck war besser als das aus durchschnittlichem Einkorn hergestellte; dagegen war das aus bestem Einkorn bereitete Gebäck viel besser als das aus olyra hergestellte. Galen macht leider über seine olyra nicht solche Angaben, aus denen sich erkennen läßt, zu welcher der Spelzweizenformengruppen sie gehört. Da sie aber doch wohl dasselbe Getreide ist, das man bis dahin im griechischen Sprachgebiete olyra genannt hatte, und da es wahrscheinlich ist, daß dieses zu *Tr. dicoccum* und nicht zu *Tr. Spelta* gehört, so ist es auch wahrscheinlich, daß sie zu *Tr. dicoccum* gehört. Galen kennt nun aber noch ein anderes Weizengetreide, das in den kältesten Gegenden der kleinasiatischen Landschaft Bithynien und in dem angrenzenden Phrygien angebaut wurde und hier ζεόπυρος[1]) [zeopyros] genannt wurde.

[1]) Dieser Name sollte wohl zum Ausdruck bringen, daß dieses Getreide im Aussehen zwischen der zeia und dem Nacktweizen, πυρός [pyros], steht.

Das aus diesem Getreide bereitete Backwerk hielt in der Güte die Mitte zwischen dem Weizengebäck und dem aus der in Thrakien und Makedonien angebauten βρίζα [briza], dem Roggen, hergestellten Gebäck.[1]) Sollte dieses Getreide vielleicht *Tr. Spelta* gewesen sein, das ja in seinem Aussehen zwischen dem Emmer und dem Nacktweizen steht?

Nach Galenos' Zeit scheint der Anbau der olyra im griechischen Sprachgebiete sehr abgenommen zu haben. Schon zur Zeit des Lexikographen Hesychios — im fünften Jahrhundert — war hier offenbar weder ein Getreide mit dem Namen olyra, noch ein solches mit dem Namen zeia oder zea in den Kreisen der literarisch Gebildeten bekannt.[2]) Auch im Mittelalter war dies offenbar der Fall. Ich möchte hierauf wenigstens aus der Art der Erklärung beider Wörter in dem Lexikon des Suidas, der etwa um das Jahr 1000 nach Christi Geburt lebte, schließen. In dem Geoponica genannten, im wesentlichen aus Exzerpten aus älteren Schriften bestehenden landwirtschaftlichen Werke, das im 10. Jahrhundert von dem Bithynier Cassianos Bassos verfaßt worden ist, findet sich allerdings sowohl olyra als auch zeia, und zwar offenbar jenes Wort als Zitat aus Galenos, dieses als Zitat aus griechisch geschriebenen landwirtschaftlichen Schriften der römischen Kaiserzeit. Hieraus darf man aber durchaus nicht schließen, daß beide Wörter noch im zehnten Jahrhundert der lebenden griechischen Sprache angehört hätten oder doch wenigstens im griechischen Sprachgebiete verstanden und richtig gedeutet worden wären, wenn auch die damit bezeichneten Getreide in der lebenden Sprache anders genannt worden wären. Denn die Geoponica ist eine gelehrte Schrift, die nicht für praktische bäuerliche Landwirte, sondern für landwirtschaftliche Dilettanten aus den gebildeten Kreisen bestimmt

---

[1]) Galen hält es für wahrscheinlich, daß der griechische Arzt Mnesitheos briza für zeia angesehen hätte, ja er hält es für möglich, daß die Griechen briza überhaupt zeia genannt hätten.

[2]) Eusebius Hieronymus wußte am Anfang des fünften Jahrhunderts noch, daß zea ein Spelzweizen war; vgl. S. 35.

war. Und in dieser konnte der Verfasser, der wohl selbst wenig von praktischer Landwirtschaft verstand, ruhig Getreide aufführen, die niemand kannte; er steigerte hierdurch ja nur das gelehrte Aussehen seines Buches.

Es läßt sich also auf Grund der römischen Literatur bis zu Columellas und Plinius' Zeit und der gesamten griechischen Literatur nicht feststellen, zu welcher Spelzweizenformengruppe das italische far gehört und was für Spelzweizenformengruppen — außer dem Einkorn — die Römer und Griechen bis zum zweiten Jahrhundert nach Christi Geburt überhaupt gekannt haben. Es spricht aber alles dafür, daß von den Römern bis zu dieser Zeit mit far nur der Emmer bezeichnet worden ist und daß diese bis dahin den Dinkel gar nicht gekannt haben.

Diesen Annahmen scheinen nun aber zwei Stellen in der lateinischen Literatur des vierten und fünften Jahrhunderts nach Christi Geburt zu widersprechen. Sie haben hauptsächlich[1]) die Veranlassung dazu gegeben, daß far so vielfach für den Dinkel gehalten worden ist und noch gehalten wird.

Die eine dieser Stellen findet sich in dem im Jahre 414 nach Christi Geburt vollendeten Ezechiel-Kommentar des Eusebius Hieronymus. Dieser sagt zu Ezechiel 4, 9: „Das hebräische Wort chasamim[2]) habe ich mit vicia [Wicke] übersetzt. Die Septuaginta und Theodotio haben es mit olyra übersetzt, welche die einen für avena [Hafer], die anderen für sigala [Roggen] halten. Die erste Ausgabe des Aquila und Symmachus haben [das Wort chasamim] mit zeas oder zeias übersetzt, die wir entweder far oder nach italischer und pannonischer volkstümlicher Ausdrucksweise spica oder spelta nennen". Hieronymus sieht also

[1]) Daß von vielen Philologen und Botanikern bis in die neueste Zeit far, zeia und olyra als Dinkel, *Tr. Spelta,* gedeutet worden sind, liegt, worauf schon Gradmann und Hoops hingewiesen haben, auch daran, daß jenen von den Spelzweizenformengruppen außer dem Einkorn nur der Dinkel überhaupt oder doch näher bekannt war.

[2]) Heute wird dieses Wort kussmim (sing. kussemet) gelesen.

spica und spelta als von der allgemeinen lateinischen Umgangs- und Schriftsprache aus der italischen und pannonischen Volkssprache übernommene Bezeichnungen des im Lateinischen ursprünglich far genannten Getreides an.

Das Wort spelta findet sich vor Hieronymus vielleicht[1]) nur einmal in der lateinischen Literatur, und zwar in dem lateinischen Text des Edictums Diocletiani. Das Edictum Diocletiani ist ein im Jahre 301 nach Christi Geburt vom Kaiser Diocletianus, wahrscheinlich nur für den östlichen Teil des damaligen römischen Reiches, also vorzüglich für Griechenland, Kleinasien und Ägypten, festgesetzter Maximaltarif für die Preise der wichtigeren Lebens- und Genußmittel, von Sämereien von Futterkräutern und zu technischen und medizinischen Zwecken dienenden Pflanzen, von Rohstoffen und gewerblichen Produkten der verschiedensten Art sowie für Löhne und Honorare. Der offizielle Text des Edictums, das in den Ortschaften seines Geltungsbereiches in lateinischer und griechischer Sprache in Stein eingemeißelt aufgestellt wurde, ist in lateinischer Sprache verfaßt. In diesem Edictum werden nun auch eine Anzahl Getreide — deren Namen meist im Genetiv sing. stehen — mit ihren Maximalpreisen aufgeführt. Es sind dies:[2]) frumenti, hordei, centenum sive sicale, mili pisti, mili integri, panicii, speltae mundae, scandulae sive speltae. Die Wörter speltae mundae und scandulae sive [oder] speltae sind bisher wohl von allen, die sich mit diesem Gegenstande beschäftigt haben, unbedenklich auf den Dinkel bezogen und mit gegerbter Dinkel und Dinkelvesen übersetzt worden. Ich glaube aber, daß wir kein Recht dazu haben, jene Wörter in dieser Weise zu deuten. Nach meiner Meinung müssen wir

---

[1]) Das Wort spelta findet sich auch in dem Carmen de ponderibus et mensuris [Gedichte über die Gewichte und Maße]. Von diesem Gedichte ist aber weder der Verfasser noch die Zeit der Entstehung bekannt, und es läßt sich aus ihm auch nichts betreffs der damaligen Bedeutung des Wortes spelta erschließen.

[2]) Von dieser Stelle ist nur der lateinische Text bekannt.

vielmehr — ebenso wie wir frumentum ganz allgemein mit Nacktweizen, hordeum ganz allgemein mit Saatgerste übersetzen müssen — die Wörter spelta und scandula ganz allgemein mit Spelzweizen übersetzen und dürfen wir sie nicht auf eine bestimmte Spelzweizenformengruppe, also den Dinkel, beziehen.

Das Wort spelta entstammt wohl einer germanischen Sprache, wahrscheinlich der Sprache der germanischen Bewohner der Provinz Pannonien, die Hieronymus, der in Stridon, an der — heutigen — Grenze von Steiermark und Ungarn geboren ist, offenbar gut bekannt war. Scandula (= Schindel) ist wahrscheinlich die — rein — lateinische Übersetzung von spelta. Spelta hatte im Germanischen offenbar die ganz allgemeine Bedeutung Spaltkorn,[1]) d. h. Getreide, dessen reife Ähre beim Drusch in ihre einzelnen Glieder (Vesen) zerfällt, und bezog sich auf alle drei Spelzweizenformengruppen, die sicher in den ersten Jahrhunderten nach Christi Geburt von den Germanen, wenigstens im Umkreise der Alpen, angebaut wurden. Aus den germanischen Ländern, vorzüglich wohl aus Pannonien, wurde damals viel Getreide, darunter offenbar auch viel Spelzweizen, nach Mittel- und Süditalien, welche Länder nur noch einen kleinen Teil des von ihnen verbrauchten Getreides selbst erzeugten, und nach den übrigen Provinzen des römischen Reiches — hierhin vorzüglich zum Unterhalt des römischen Militärs — ausgeführt. Hierdurch gelangten die beiden Spelzweizennamen spelta und scandula in die römische Verwaltungssprache und aus dieser in die allgemeine lateinische Umgangssprache und verbreiteten sich weit im römischen Reiche. Zur Zeit des Kaisers Diocletian, vielleicht auch schon früher, waren sie hier, wenigstens in manchen Provinzen, offenbar ganz allgemein zur Bezeichnung von Spelzweizen gebräuchlich, von dem ja die meisten nur die auch bei den begrannten Formen durch den Drusch

---

[1]) So, d. h. Spaltechorn, wird spelta in althochdeutschen Glossen übersetzt.

von den Grannen befreiten und deshalb bei allen Formen, wenigstens des Emmers und Dinkels, recht ähnlichen Vesen zu Gesicht bekamen. Hierdurch erklärt sich das auffällige Fehlen von far im Edictum Diocletiani.

Spelta und scandula behielten ihre Bedeutung „Spelzweizen" auch in den nächsten Jahrhunderten. In manchen römischen Provinzen gingen sie später in dieser Bedeutung in die sich aus dem Lateinischen entwickelnden romanischen Sprachen über, so z. B. in Spanien und Frankreich. In Spanien heißt gegenwärtig *Triticum Spelta*: escanda oder escaña mayor mocha, *Tr. dicoccum*: escandia de Navarra, eine offenbar auch zu dieser Formengruppe gehörende Form escaña mayor peluda, *Tr. monococcum*, das die gegenwärtig in Spanien am meisten angebaute Spelzweizenformengruppe zu sein scheint: escaña menor oder trigo escaña menor. Daneben kommt für das Einkorn auch der aus spelta hervorgegangene Name espelta comuna [1]) vor. In Frankreich scheint sich das Wort spelta — in der Form épeautre — als Bezeichnung aller drei Spelzweizenformengruppen erhalten zu haben. Hier heißt in der Gegenwart *Tr. Spelta*: épeautre commun, épeautre ordinaire, grand épeautre oder einfach épeautre, *Tr. monococcum* außer engrain, engrain commun und engrain double sowie locular oder froment locular: petit épeautre oder sogar nur épeautre. Und von *Tr. dicoccum*, das in Frankreich meist amidonnier genannt wird, wird von H. de Vilmorin eine im Elsaß — um 1859 — kultivierte Form als épeautre de mars bezeichnet. Es ist allerdings möglich, daß diese Bezeichnung eine ganz moderne Bildung ist. [2])

In Italien ist der Emmer, der hier seit alters mit den verschiedensten Gebräuchen eng verknüpft war, in den konservativen bäuerlichen Kreisen offenbar auch nach der Christianisierung und nach dem Ausgange des Altertums, wenn auch vielleicht nicht viel, angebaut und stets

[1]) Außerdem führt es noch die Namen cardón und esprilla.

[2]) Die übrigen von Vilmorin angeführten Bezeichnungen dieser Formengruppe als épeautre sind sicher ganz moderne Bildungen.

ausschließlich far genannt worden. Als nun im Mittelalter in Italien die Einfuhr von Spelzweizen aufhörte und dieser dadurch für weitere Kreise seine Bedeutung als Nährpflanze verlor, da drang der alte Emmername far aus den bäuerlichen Kreisen wieder in die Schriftsprache ein, während der Name spelta in dieser auf den späteingeführten und wohl nur wenig angebauten Dinkel beschränkt wurde. Gegen Ende des Mittelalters ist diese Benennung offenbar üblich, denn im Anfang des 14. Jahrhunderts heißt bei dem italienischen landwirtschaftlichen Schriftsteller Piero de Crescenzi (Petrus de Crescentiis) lateinisch der Emmer far, der Dinkel spelta. Gegenwärtig heißt in Italien der Emmer farro oder grano farro, der Dinkel spelta oder spelda.

Es spricht somit alles dafür, daß in Italien und Griechenland bis zum zweiten Jahrhundert nach Christi Geburt nur der Emmer bekannt war und angebaut[1]) wurde. Er hat in beiden Ländern im Laufe der Zeit immer mehr an Bedeutung verloren; jetzt wird er in ihnen nur noch sehr wenig angebaut. Etwas mehr scheint er dagegen noch im nördlichen Teile der Balkanhalbinsel, vorzüglich in Serbien, in landwirtschaftlicher Kultur zu sein.

Auf der Iberischen Halbinsel ist der Emmer, der hier wohl schon im Altertume angebaut wurde, offenbar noch im neunzehnten Jahrhundert viel in landwirtschaftlicher Kultur gewesen; jetzt scheint sein Anbau aber auch auf dieser Halbinsel nur unbedeutend zu sein.

In Deutschland wird der Emmer jetzt nur noch in einigen Strichen Süddeutschlands — wegen seiner Empfindlichkeit gegen Winterkälte meist als Sommergetreide — regelmäßig landwirtschaftlich angebaut. Im sechzehnten Jahrhundert, ja selbst im Beginne des neunzehnten Jahrhunderts war sein Anbau in Süddeutschland noch bedeutender.

---

[1]) Von einem Anbau des Emmers in Griechenland im Altertum ist allerdings nichts bestimmtes bekannt, doch bestand wohl ein solcher.

Außerdem scheint der Emmer in Europa nur noch in Frankreich — sehr wenig —, in der Schweiz, in einigen Teilen Österreich-Ungarns sowie in Rußland in der mittleren Wolgagegend und östlich davon nach dem Ural hin in regelmäßiger landwirtschaftlicher Kultur zu sein. Die in diesen Ländern am meisten angebauten Emmerformen sind offenbar *Triticum dicoccum farrum* Bayle-Barelle, mit reif kahler, glänzend weißer, stark begrannter Ähre, und *Tr. dic. rufum* Schübler mit reif kahler, heller- oder dunkler- bis braun-roter, bei einigen Unterformen blau bereifter, stark begrannter Ähre, sowie der serbische Emmer, der in zwei dem *Tr. dic. farrum* und *Tr. dic. rufum* entsprechende Unterformen zerfällt.

Außer diesen Formen sind noch eine Anzahl Formen in den botanischen Gärten in Kultur, doch scheinen diese nicht mehr landwirtschaftlich angebaut zu werden.

Wenn auch der Dinkel in die südeuropäischen Halbinseln erst spät als Kulturpflanze eingeführt ist, so ist er doch weiter im Norden schon in früher prähistorischer Zeit angebaut worden. Die einzigen bekannten — sicheren — Reste von ihm, Ährenbruchstücke und Früchte, sind in zwei bronzezeitlichen Pfahlbauten der Westschweiz, auf der Petersinsel und bei Möringen im Bielersee, gefunden worden. Ich bin aber überzeugt, daß der Anbau des Dinkels im nördlicheren Europa nicht erst in der Bronzezeit, sondern schon in der neolithischen Zeit begonnen hat. In den ersten Jahrhunderten nach Christi Geburt war der Dinkelbau im Umkreise der Alpen wahrscheinlich weit verbreitet; wahrscheinlich bestand die Hauptmasse des damals aus Pannonien und den Nachbarländern ausgeführten Spelzweizens aus Dinkel.

Die Römer, die seit alters an den Gebrauch von Spelzweizen gewöhnt waren, haben offenbar den Anbau des Dinkels, der besten der Spelzweizenformengruppen, nicht nur in Italien und wohl auch in Spanien eingeführt, sondern auch, und zwar vorzüglich, zu seiner Ausbreitung nördlich des Mittelmeergebietes beigetragen. Gegen Ende des Altertums wurde hier wahrscheinlich soweit wie der römische Einfluß herrschte überall Dinkel angebaut. Nach dem Zusammenbruche der römischen Herrschaft verminderte sich sein Anbau im allgemeinen wieder. In manchen Gegenden hat er sich jedoch bis auf unsere Zeit erhalten, in einigen von diesen hat er sich sicher oder höchstwahrscheinlich nach dem Ausgange des Altertums sogar ausgebreitet.

So, wie es scheint, im Wohngebiete des alemannischen Stammes im südlichen Deutschland, in der deutschen Nordschweiz und in Vorarlberg. Die Alemannen drangen im dritten Jahrhundert nach Christi Geburt aus ihren Wohnsitzen östlich von der Elbe in Süddeutschland ein und eroberten in den beiden nächsten Jahrhunderten einen großen Teil von diesem sowie Vorarlberg und die deutsche Nordschweiz. Ob sie den Dinkel schon vor ihrer Einwanderung in Süddeutschland gekannt und angebaut haben, läßt sich nicht sagen. Es ist sehr wahrscheinlich, daß der Dinkel in dem späteren Wohngebiete der Alemannen schon vor ihrer Ansiedlung in diesem viel angebaut worden ist, daß er aber erst durch sie, deren Hauptbrotkorn er wurde, seine spätere allgemeine Verbreitung in diesem Gebiete erhalten hat. Er ist bis gegen die Mitte des neunzehnten Jahrhunderts allgemein das Hauptbrotkorn der Alemannen geblieben, und er ist, zum Teil erst nach dem Mittelalter, aus ihrem Gebiete strichweise auch in die Nachbargebiete, so in Franken, eingedrungen. Seit jener Zeit hat aber im alemannischen Gebiete, besonders in der Nordschweiz und im Oberelsaß, die Intensität des Dinkelbaues beträchtlich abgenommen, wodurch jedoch sein geographisches Verbreitungsbild kaum eine Veränderung erlitten hat.[1]) Der Anbau wird sich hier noch weiter vermindern. Denn obwohl der Dinkel manche Vorzüge vor den Nacktweizen — auch vor den der Dinkelreihe — hat: er ist bedeutend winterfester

---

[1]) Nach Gradmann ist der Dinkel in Sigmaringen, im bayrischen Schwaben, in Württemberg, in einigen Kreisen Badens, im Kanton Bern und in Vorarlberg noch gegenwärtig die vorherrschende Brotfrucht.

als diese, er ist anspruchsloser als sie, er hat weniger durch Pilzkrankheiten und Vogelfraß als sie zu leiden und hält sich im gedroschenen Zustande besser als sie, ist er doch für den Großbetrieb weniger geeignet als der Nacktweizen, da sich seine Reife schnell vollzieht und dabei seine Ähre sehr brüchig wird,[1]) er in ungegerbtem Zustande große Lagerräume beansprucht und in diesem Zustande hohe Transportkosten verursacht, durch das Gerben aber ein sehr großer Teil seiner Früchte beschädigt wird und infolge davon die Keimfähigkeit einbüßt, sein Mehl zwar sehr fein, feiner als Nacktweizenmehl ist, das daraus bereitete Backwerk aber viel schneller austrocknet als das aus Nacktweizenmehl bereitete, sich also für den Handel viel weniger als dieses eignet. Er wird in diesem Betriebe mehr und mehr durch Nacktweizen der Dinkelreihe verdrängt, namentlich durch frühreife Sommerweizen. Im Kleinbetriebe aber, wo seine Vorzüge mehr zur Geltung kommen, seine Fehler dagegen zurücktreten, wird er sich noch lange, vielleicht dauernd, erhalten.

Die im alemannischen Gebiete als Brotkorn am meisten angebaute Dinkelform ist der rote Winterkolbendinkel, *Triticum Spelta Duhamelianum* Mazzucato, Kcke., dessen unbegrannte Ähren reif kahl und heller oder dunkler rot sind. Außerdem wird hier auch noch viel der weiße Winterkolbendinkel, *Tr. Spelta album* Alefeld, mit unbegrannten, reif kahlen und weißen Ähren, weniger der weiße Sommergrannendinkel, *Tr. Spelta Arduini* Mazzucato, mit begrannten, reif kahlen und weißen Ähren angebaut, jener entweder im Gemisch mit rotem Dinkel oder allein, in diesem Falle aber meist nur zur Herstellung von Grünkern, Grünen Kernen oder Grünen Körnern, der bekannten Suppeneinlage.

Außer im Gebiete des alemannischen Stammes wird der Dinkel gegenwärtig im nördlicheren Europa noch in einigen Berggegenden regelmäßig landwirtschaftlich an-

[1]) Die Ernte wird deshalb meist begonnen, wenn die Früchte noch nicht ganz reif sind.

gebaut: in der Dauphiné, in den belgischen Ardennen, wo sich sein Anbau seit der Römerzeit ausgebreitet hat, da dieser Landstrich erst seit jener Zeit besiedelt worden ist, in der Eifel, im Hunsrück und in Südthüringen. In der Eifel, wo der Dinkelbau immer mehr abnimmt, werden gewöhnlich *Triticum Spelta Duhamelianum* und *Tr. Spelta album* untereinander und meist im Gemisch mit Nacktweizen und Roggen oder einem von diesen beiden Getreiden, vorzüglich Roggen, — als Wintergetreide — gebaut. In kalten Wintern erfrieren in dieser rauhen Gegend Nacktweizen und Roggen nicht selten; es bleibt dann auf den Äckern nur der Dinkel zurück, der auch die kältesten Winter erträgt. In Südthüringen, wo der Dinkel regelmäßig, doch gegenwärtig nur noch wenig, nur bei Ohrdruf und Arnstadt angebaut zu werden scheint, habe ich ausschließlich *Tr. Spelta Arduini* gesehen. Dieses wird hier nicht nur angebaut, sondern tritt auch einzeln unter Nacktweizen und vorzüglich unter Einkorn als Unkraut auf. Früher war der Dinkelbau in Thüringen wohl wesentlich ausgedehnter.

In Mitteleuropa waren wohl schon frühzeitig außer Spelta, Spelt oder Spelz auch andere Namen für Spelzweizen im Gebrauch, so Dinkel und Amar oder Amer. Im deutschen Sprachgebiete hat das Wort Dinkel die Wörter Spelta, Spelt oder Spelz als Bezeichnungen von *Triticum Spelta* und *Tr. monococcum* sehr zurückgedrängt. Für *Tr. monococcum* ist hier neben Dinkel jedoch schon sehr frühzeitig die Bezeichnung Einkorn[1]) aufgekommen, die aber die Bezeichnung Dinkel für dieses Getreide nicht überall, so z. B. nicht in Thüringen — wo das Einkorn Patschdinkel[2]) (= breiter Dinkel) oder meist einfach Dinkel heißt[3]) —, die Bezeichnung Spelt oder Spelz für

[1]) Im sechzehnten Jahrhundert wurde von Dodoens dieses Wort mit *Frumentum Monococcon* oder kurz *Monococcon* übersetzt. Linné behielt später letzteres Wort als spezifischen Namen bei.

[2]) Seine Ähren heißen Patschen.

[3]) *Triticum Spelta* heißt hier wegen der hellen Farbe seines Mehles Weißdinkel.

dasselbe dagegen wohl überall zu verdrängen vermocht hat. Dagegen hat im deutschen Sprachgebiete die Bezeichnung Amar und Amer und hieraus später Emer, Emmer und ähnlich[1]) für *Triticum dicoccum* sich fast allgemeine oder vielleicht sogar allgemeine Geltung verschafft und die Bezeichnungen Spelt, Spelz und Dinkel für dieses Getreide fast ganz oder vielleicht sogar ganz — doch offenbar erst im Verlaufe des neunzehnten Jahrhunderts — zum Schwinden gebracht. Das Wort Spelt oder Spelz ist heute also fast nur noch oder vielleicht sogar nur noch als Bezeichnung für *Tr. Spelta* gebräuchlich. Aber auch für dieses Getreide vorzüglich in der Schriftsprache.[2]) Geht man somit von der heutigen Bedeutung des Wortes Spelta (Spelt, Spelz) aus, so kann man leicht zu der Meinung kommen, es habe auch im Altertum diese Bedeutung gehabt.

In Italien wird gegenwärtig nur wenig Dinkel angebaut. Dasselbe ist in Griechenland der Fall. Dagegen scheint im nördlichen Teile der Balkanhalbinsel, namentlich in den adriatischen Küstenstrichen, mehr Dinkel kultiviert zu werden. Am ausgedehntesten ist im Mittelmeergebiete der Dinkelbau in Nordspanien; um die Mitte des neunzehnten Jahrhunderts war der Dinkel in Asturien das Hauptgetreide.

---

[1]) Der deutsche im sechzehnten und siebzehnten Jahrhundert gebräuchliche Name Amelkorn (Hamelkorn, Hamelkern) und ebenso der französische Name amidonnier dürften ursprünglich alle Weizen bezeichnet haben, die zur Bereitung von Stärke — lat. amylum, franz. amidon — Verwendung fanden, und erst später auf das deutsch Amer, Emer oder Emmer, französisch wohl ähnlich genannte *Triticum dicoccum*, das offenbar vorzugsweise zur Stärkebereitung diente, beschränkt worden sein. Im Französischen hat das Wort amidonnier fast alleinige Geltung erlangt, während das Wort Amelkorn in Deutschland und der Deutschen Schweiz wieder der Bezeichnung Emer oder Emmer gewichen ist.

[2]) Der Umgangssprache gehört es noch in Belgien (Spelte) und am Rhein an, sonst wird *Tr. Spelta* in den deutschen Dialekten Dinkel, Korn oder Vesen, seine gegerbte Frucht Kernen genannt.

* *

Wie ich vorhin gesagt habe, überwog wahrscheinlich bereits in der neolithischen Zeit in den meisten der damaligen europäischen Getreidebaugebiete der Anbau des Nacktweizens über den des Spelzweizens. Später trat dieser noch mehr hinter jenen zurück; heute spielt er nur noch in wenigen Gegenden Europas eine erheblichere Rolle.

Es ist noch nicht sicher festgestellt, welche Nacktweizenformengruppen in Europa in der neolithischen Zeit angebaut worden sind. Vielleicht waren damals hier nur Formen der Dinkelreihe in Kultur.

Am besten sind die neolithischen Nacktweizenreste des zirkumalpinen Pfahlbautengebietes untersucht worden. Nach Heer, dem wir die erste eingehende Behandlung der Pflanzenreste der Schweizer Pfahlbauten verdanken, verteilen sich die in diesen Pfahlbauten gefundenen neolithischen Nacktweizenreste auf drei Formengruppen: *Triticum vulgare, Tr. compactum* und *Tr. turgidum.* Die von Heer zu *Tr. vulgare* gezogenen Reste gehören nach seiner Ansicht zu einer Form dieser Gruppe, die vom gewöhnlichen Weizen ebensoweit abweicht wie der Bartweizen und der Hartweizen, daher eine sehr ausgezeichnete und wie es scheint untergegangene Weizenform darstellt. Sie unterscheidet sich nach Heers Angabe vom gewöhnlichen Weizen nicht nur durch die Kleinheit der Körner, sondern auch durch den scharf vorstehenden Rückenkiel der Spelzen und dadurch, daß sich je drei bis vier Körner in jedem Ährchen ausbilden, während beim gewöhnlichen Weizen nur zwei bis drei vorhanden sind. Heer nennt diesen Weizen, der durch die kurze, dicht gedrängte, grannenlose Ähre in der Tracht dem Binkelweizen am nächsten steht und in allen älteren Pfahlbauten das vorherrschende Getreide bildet,[1] *Triticum vulgare antiquorum,* kleinen Pfahlbauten-

[1] Er kommt nach Heer aber auch noch in Pfahlbauten der Metallzeit vor und wurde in der Schweiz selbst noch in gallo-römischer Zeit gebaut.

weizen. Koernicke hält jedoch Heers kleinen Pfahlbautenweizen nicht für eine Form der Gruppe *Triticum vulgare*, sondern für eine Form von *Tr. compactum*, zu dem ja auch von Heer ein Teil der in den Pfahlbauten gefundenen Nacktweizenfrüchte gerechnet wird. Und Buschan hat diese Form als eine selbständige, jetzt ausgestorbene Form von *Tr. compactum* beschrieben, die er *Tr. compactum var. globiforme* nennt. Sie ist nach Buschans Angabe charakterisiert durch am Rücken sehr stark gewölbte, daher annähernd halbkugelige oder wenigstens einer Kaffeebohne nicht unähnliche Früchte, die an den Enden stumpf abgerundet sind und an der Bauchseite eine tiefe Furche haben. Nach Buschans Meinung ist diese Form schon in der prähistorischen Zeit ausgestorben. Nach seiner Ansicht gehört allerdings nur ein Teil der von Heer als zum kleinen Pfahlbautenweizen gehörend betrachteten Weizenfrüchte zu *Tr. compactum globiforme*, der Rest dagegen in der Tat zu *Triticum vulgare*. Nach Koernickes Meinung ist auch Heers *Tr. turgidum* wahrscheinlich *Tr. compactum*, jedenfalls nicht *Tr. turgidum*. Buschan stimmt ihm hierin bei, hält es aber für möglich,[1]) daß einige der in neolithischen und bronzezeitlichen Pfahlbauten der Poebene gefundenen Weizenfrüchte zu *Tr. turgidum* gehören. *Tr. compactum globiforme* scheint in der neolithischen Zeit auch in Ungarn und Bosnien kultiviert worden zu sein; es ist sogar nicht ausgeschlossen, daß es damals das vorherrschende Weizengetreide dieser Landstriche war. Doch wurde in diesen auch *Tr. vulgare* angebaut.

Auch in den übrigen neolithischen Getreidebaugebieten Europas, namentlich in Deutschland, ist in der neolithischen Periode viel Nacktweizen kultiviert worden. Die gefundenen Früchte gehören nach meiner Meinung teils zu *Triticum vulgare*, teils zu verschiedenen Formen von *Tr. compactum*.

---

[1]) Eine absolut sichere Unterscheidung der Früchte von *Tr. turgidum* von den Früchten der Nacktweizenformen der Dinkelreihe ist nach seiner Meinung nicht möglich.

Wohl in allen vorhin unterschiedenen europäischen Getreidebaugebieten ist auch in der nachneolithischen prähistorischen Zeit Nacktweizen angebaut worden. Strichweise aber wahrscheinlich weniger als in der neolithischen Zeit. Auch die Formen dieses Zeitraumes gehören vielleicht sämtlich zu den Formengruppen der Dinkelreihe.

Die Formengruppen der Emmerreihe treten uns erst im historischen Altertum, doch auch in diesem nur sehr undeutlich, mit voller Sicherheit erst in der Neuzeit, ja eine von ihnen, der Polnische Weizen, *Triticum polonicum*, sogar erst im siebzehnten Jahrhundert, entgegen.

In Italien war wohl schon in den letzten Jahrhunderten vor Christi Geburt Nacktweizen das Hauptweizengetreide. Leider läßt sich aber selbst für die Zeit der bedeutendsten römischen landwirtschaftlichen Schriftsteller, also für das erste Jahrhundert vor und das erste Jahrhundert nach dem Beginne unserer Zeitrechnung nicht sagen, welche Nacktweizenformen in Italien und im Mittelmeergebiete überhaupt angebaut wurden, da diese Schriftsteller keine eingehenderen Beschreibungen der damals dort gebauten Getreide geben, ihre kurzen Andeutungen aber zur Bestimmung der doch nur wenig voneinander abweichenden Formen und Formengruppen nicht ausreichen.[1])

Die zahlreichen ihnen bekannten Nacktweizenformen werden von ihnen in zwei Gruppen, triticum — im engeren Sinne — und siligo zusammengefaßt.[2]) Beide wurden nach Plinius' Angabe damals in den meisten der bekannten Länder kultiviert. Die wertvollsten Formen gehörten zu triticum; sie waren das wichtigste Brotkorn — wenigstens Italiens[3]) — in der damaligen Zeit. Die wertvollste der

---

[1]) Auch die Getreidebilder auf den pompejanischen Gemälden bieten nichts, was zur Beantwortung dieser Fragen beitragen könnte.

[2]) Daß triticum und siligo Nacktweizen waren, geht mit Sicherheit aus den bei der Besprechung von far angeführten Stellen aus Plinius' Naturgeschichte hervor.

[3]) Catos, Varros und Columellas Angaben beziehen sich, sofern nicht bestimmt das Gegenteil bemerkt ist, wohl immer auf

Triticumformen hieß nach Columellas Angabe robus;[1]) die übrigen Triticumformen waren nach seiner Meinung für den praktischen Landwirt überflüssig. Die Bezeichnung robus war aber offenbar nur in den Kreisen der Landwirte üblich, denn bei Plinius findet sie sich nicht. Dieser erklärt das italische triticum für das beste von allen. Er lobt es fast mit denselben Worten wie Columella sein robus. Wie dieser, hebt auch er die glänzend weiße Farbe und die Schwere der Frucht hervor. Außer dem italischen triticum, das nach seiner Angabe schon von Sophokles — im fünften Jahrhundert vor Christi Geburt — gelobt sein soll, kennt Plinius noch eine Anzahl anderer — ausländischer — Triticumformen, von denen einige dem triticum der italischen Berggegenden, das offenbar weniger gut als das der Niederungen war, an Güte gleichkamen. Zu Varros Zeit, also im ersten Jahrhundert vor Christi Geburt, baute man in der italischen Landschaft Apulien das beste triticum.

Der Siligoweizen hatte einen geringeren Wert als Nährmittel als der Triticumweizen. Seine Frucht war außen und innen weiß, also mehlig, offenbar verhältnismäßig kleberarm und verhältnismäßig stärkereich. Er diente in älterer Zeit deshalb vorzüglich zur Stärkebereitung[2]) und zur Herstellung von Kuchen. Erst später, als man in weiten Kreisen der Bevölkerung großes Gewicht auf sehr

---

italische, vorzüglich mittelitalische Verhältnisse zu der Zeit dieser Schriftsteller. Bei den Angaben des Plinius läßt sich leider vielfach nicht erkennen, ob sie sich auf italische oder auswärtige Verhältnisse, und ob sie sich auf damalige oder vergangene Zustände beziehen.

[1]) Das Wort robus soll nach den meisten Wörterbüchern an dieser Stelle die altertümliche Form von robur = Kraft, Kern, sein; es würde in diesem Falle also etwa Kraft- oder Kernweizen bedeuten, sich also auf den hohen Nährwert dieser Form beziehen. Nach anderen wäre robus jedoch die altertümliche Form von rufus = rot, und würde sich auf die rote — glasige — Farbe der Frucht dieses Weizens beziehen. Dies scheint mir die wahrscheinlichere Annahme zu sein.

[2]) Später wurde Stärke auch aus triticum hergestellt.

helles[1]) und leichtes Backwerk legte, wurde er auch zur Herstellung von Brot (Weißbrot)[2]) benutzt. Nach Plinius wurde das feinste Weizenbrot aus einem Gemisch von campanischem und pisanischem Siligomehl hergestellt. Der Triticumweizen hatte dagegen — bei der Kultur auf trockenem Boden — eine schwerere, außen und innen rötliche, also glasige, offenbar verhältnismäßig kleberreiche und verhältnismäßig stärkearme Frucht; sein hoher Nährwert war offenbar eine Folge seines Kleberreichtums. Auf nassem Boden und in feuchtem Klima[3]) nahm der Klebergehalt der Triticumfrucht ab, ihr Stärkegehalt zu, sie wurde also weißer und mehliger und dadurch für die menschliche Ernährung weniger wertvoll. Diese Wandlung vollzog sich sehr schnell, denn Columella sagt, daß sich alles triticum auf nassem Boden nach der dritten Aussaat in siligo verwandele,[4]) man brauche sich also siligo zur Aussaat nicht mit Mühe aus der Ferne kommen lassen. Columella kennt aber auch noch eine andere siligo, denn er sagt, daß sich siligo auch als Sommergetreide, richtiger Dreimonatsgetreide[5]) anbauen lasse, während triticum Wintergetreide war und sich offenbar nur schwer als Sommergetreide anbauen ließ. Diese — eigentliche — siligo umfaßte offenbar

---

[1]) Es wird immer der candor, d. h. die blendend weiße Farbe des Siligomehles hervorgehoben.

[2]) Es ist merkwürdig, daß der Name dieses durch die blendend weiße Farbe seines Mehles ausgezeichneten Getreides im Mittelalter in Deutschland die Bezeichnung Roggen, also des Schwarzbrotgetreides, angenommen hat.

[3]) Gegenwärtig verhält sich der Nacktweizen ebenso wie zu Columellas Zeit.

[4]) Nach Plinius' Angabe ging in den meisten Gegenden jenseits der Alpen die siligo in zwei Jahren in triticum über.

[5]) Eigentlichen Sommerweizen gab es damals im Mittelmeergebiete nicht. Der Dreimonatsweizen wurde in Italien in der ersten Hälfte des Februars oder — in den milderen Gegenden — schon im Januar gesät und konnte bereits nach drei Monaten geerntet werden. Außerdem gab es aber auch Nacktweizen, der schon nach zwei Monaten eingeerntet wurde.

konstante Rassen, die sich gestaltlich aber nicht wesentlich[1]) von triticum unterschieden, das — normal — eine begrannte Ähre hatte. Dieser Annahme scheint aber eine Aussage des Plinius, daß die Siligoformen mit Ausnahme der sogenannten lakonischen unbegrannt seien, zu widersprechen. Diese Aussage bezieht sich jedoch wie die ihr unmittelbar vorausgehende, schon besprochene, daß far unbegrannt sei, nicht auf italische, sondern auf griechische oder orientalische Verhältnisse und ist möglicherweise verderbt. Ist letzteres aber nicht der Fall, so darf man aus ihr wohl schließen, daß in Griechenland oder im Orient auch Nacktweizen der Dinkelreihe in Kultur waren, denn nnr in dieser Reihe kommen — wenigstens heute — unbegrannte Formen vor. Die meisten in jener Zeit in Griechenland,[2]) im Orient und in Ägypten angebauten Nacktweizenformen scheinen aber wie die italischen begrannt gewesen zu sein. Sie gehörten wie diese wahrscheinlich teils zur Dinkelreihe, teils zur Emmerreihe. Ein Teil der Formen gehörte offenbar zu *Triticum turgidum*. Auf die damalige Existenz dieser Formengruppe, speziell ihrer Untergruppe *Tr. turgidum compositum* — ob aber in Europa —, weist eine Bemerkung in Plinius' Naturgeschichte, daß der verzweigte und der sogenannte hundertfrüchtige Weizen die fruchtbarsten seien, hin, denn verzweigte Ähren haben, wenigstens heute, von den Nacktweizenformen wohl nur eine Anzahl Formen von *Triticum turgidum*. Auch das cyprische triticum, das nach Plinius' Angabe braun war und schwarzes Gebäck lieferte, gehörte wohl zu dieser Formengruppe. In der, wie schon gesagt wurde,[3]) zwar erst im Mittelalter verfaßten, aber im wesentlichen aus Exzerpten aus Schriften

[1]) Nach Plinius' Angabe hatten sie eine aufrechte Ähre. Außerdem litten sie wenig an Rost, und ihre einzelnen Individuen reiften ungleich.

[2]) Die im griechischen Kulturgebiete angebauten Nacktweizen scheinen meist gelbliche oder rötliche, also kleberreiche Früchte gehabt zu haben.

[3]) Vergl. S. 34.

des Altertums bestehenden Geoponica genannten landwirtschaftlichen Schrift wird ein schwarzgranniger Nacktweizen (*σἶτος μελαναθήρ* [sitos melanather]) erwähnt. Dieser, der ein Sommergetreide war, gehörte vielleicht zu *Triticum durum*, dessen Formen zum Teil schwarze Grannen haben. Wo er kultiviert wurde, wird nicht gesagt.

Auch aus späterer Zeit bis zur Neuzeit wissen wir nichts bestimmtes über die Nacktweizenformen des europäischen Mittelmeergebietes. *Triticum durum* und *Tr. turgidum* treten uns als Kulturpflanzen dieses Gebietes zum ersten Male im sechzehnten Jahrhundert deutlich entgegen.

Nach Angabe von Dodoens wurde *Triticum durum* damals in Spanien und auf den Kanarischen Inseln angebaut. Er hatte wenigstens unter von dort erhaltenen Früchten von Kanariengras (*Phalaris canariensis* L.) Weizenfrüchte gefunden, aus denen sich im Garten Pflanzen entwickelten, die er unter dem Namen *Triticum Typhinum* beschreibt und abbildet. Er hält es für möglich, daß dieses *Triticum* aus Theophrasts und Galens Typha [also dem Einkorn], von der es sich fast nur dadurch unterschiede, daß sich seine Frucht leicht aus den Spelzen löse, während die jener von mehrfachen Spelzen fest umschlossen sei, durch Entartung entstanden sei. Auch nach Theophrasts Angabe ginge die Typha — ebenso wie die Zea — in Nacktweizen über, wenn sie „gegerbt" und gereinigt ausgesät werde.[1]) Dodoens Beschreibung und Abbildung läßt deutlich erkennen, daß sein *Triticum Typhinum* nur *Tr. durum* sein kann.

Später wurde *Triticum durum* von den übrigen Nacktweizen, vorzüglich von dem ebenfalls sehr stark begrannten und *Tr. durum* auch im übrigen sehr ähnlichen *Tr. turgidum* nicht unterschieden.[2]) Von diesem wurde es erst von

---

[1]) Aus dem vorstehend mitgeteilten darf man durchaus nicht schließen, daß Dodoens ein Verständnis für die Abstammung der Nacktweizen von den Spelzweizen gehabt habe.

[2]) Ja es wurde sogar mit Spelzweizen zusammengeworfen, so — wahrscheinlich auf Grund von Dodoens oben mitgeteilter Vermutung — von Morison, der es aus Italien kannte.

Desfontaines abgetrennt, der es im Jahre 1798 im ersten Bande seiner Flora Atlantica aus den Küstenländern des nordwestlichen Afrikas beschrieb und ihm wegen der Härte seines — glasigen — Kornes den Namen *Triticum durum* gab. Er kannte es nur mit zottigbehaarten Ähren. *Triticum durum* wird heute in allen europäischen Mittelmeerländern angebaut. Nach Koernicke bildet es in Spanien mit sehr zahlreichen Formen die Hauptmasse des Weizens.

Triticum turgidum wurde offenbar in der ersten Hälfte des sechzehnten Jahrhunderts viel in Welschland — Frankreich und Italien — angebaut,[1]) denn es führte damals in Deutschland den Namen Welscher Weizen. Heute ist es im europäischen Mittelmeergebiete — in zahlreichen Formen — weit verbreitet.

Die Hauptmasse des gegenwärtig im europäischen Mittelmeergebiete mit Ausnahme von Spanien angebauten Nacktweizens gehört aber zu *Triticum vulgare*, das hier in vielen — meist begrannten — Formen vorkommt. *Triticum compactum* scheint in der Gegenwart im europäischen Mittelmeergebiete nur wenig kultiviert zu werden; über seine Verbreitung in diesem ist nichts näheres bekannt.[2])

Über den Anbau von Nacktweizen in Europa nördlich vom Mittelmeergebiete im historischen Altertum und im Mittelalter wissen wir wenig. Im sechzehnten Jahrhundert war *Triticum turgidum* in Südwestdeutschland, vorzüglich im Elsaß, in Kultur, und zwar hauptsächlich in Berggegenden, wo die Wildschweine, die *Tr. turgidum* wegen seiner langen, harten Grannen meiden, das übrige Getreide abfraßen. Es führte, wie schon gesagt wurde, bei manchen der damaligen deutschen Botaniker, so bei Bock und Fuchs, den Namen Welscher Weizen, der auf seine Herkunft sehr deutlich hinweist. Später hat es sich dann mehr ausgebreitet. Gegenwärtig wird es in verschiedenen

---

[1]) Damals waren schon mehrere Formen, auch aus der Untergruppe *Tr. turgidum compositum*, bekannt.

[2]) Noch im achtzehnten Jahrhundert scheint es hier mehr in Kultur gewesen zu sein.

Formen wohl in allen Weizengebieten Deutschlands, doch meist nicht in bedeutendem Umfange, angebaut. Am verbreitetsten ist die Form *Triticum turgidum dinurum* Alefeld, deren sammetartig behaarte Ähren ebenso wie die Grannen und Früchte im reifen Zustande rötlich sind. *Triticum durum* ist nördlich des Mittelmeergebietes wohl nirgends längere Zeit in Kultur gewesen.

Triticum turgidum wird in Deutschland meist Englischer Weizen genannt, jedoch mit Unrecht, da es in England nicht mehr als in Deutschland angebaut wird. In England sind wie in Deutschland Nacktweizen der Dinkelreihe die am meisten angebauten Weizen. Dagegen wird *Tr. turgidum* in Frankreich auch nördlich des Mediterrangebietes viel angebaut,[1]) doch scheinen auch hier Nacktweizenformen der Dinkelreihe das Hauptweizengetreide zu bilden.

Auch nördlich der Alpen und Karpathen werden, wie schon angedeutet wurde, in der Neuzeit weitaus überwiegend Nacktweizen der Dinkelreihe angebaut, die ja gegen Winterkälte viel widerstandsfähiger als die Nacktweizen der Emmerreihe sind.

Ursprünglich, in der neolithischen Zeit, scheint hier, wie nördlich des Mittelmeergebietes überhaupt, *Triticum compactum* weit verbreitet gewesen zu sein. Auch in der späteren prähistorischen Zeit ist es wohl noch viel angebaut worden, wenn auch nur wenige Reste von ihm — so bronzezeitliche aus Dänemark — bekannt geworden sind. Dann hat sich sein Anbau mehr und mehr vermindert. Gegenwärtig scheint *Tr. compactum* regelmäßig und in größerem Umfange in Deutschland fast gar nicht mehr angebaut zu werden. Dagegen ist es nördlich des Mittelmeergebietes noch in Norwegen, Schweden, der Westschweiz und einigen Strichen des österreichischen Alpengebietes in regelmäßiger landwirtschaftlicher Kultur. Noch im späteren Mittelalter

---

[1]) Hier wird hauptsächlich *Tr. turgidum jodurum* Alefeld, dessen sammetartig behaarte Ähren reif schwarzblau oder schwarz und dessen reife Früchte rötlich sind, angebaut. Diese Form ist auch in England verhältnismäßig viel in landwirtschaftlicher Kultur.

scheint es in Deutschland bedeutend mehr kultiviert worden zu sein. Damals wurde es z. B. in der Gegend von Rinteln an der Weser angebaut, wie die Untersuchung der in den Ruinen der Hünen- oder Frankenburg an der Langen Wand bei Rinteln, die vermutlich gegen Ende der Karolingerzeit gegründet, das zehnte Jahrhundert hindurch und vielleicht noch im Anfang des elften Jahrhunderts bewohnt gewesen und dann durch eine Fehde zerstört worden ist, gefundenen Getreidereste durch Wittmack und Buchwald gelehrt haben. Welcher Form von *Tr. compactum* die hier gefundenen Reste angehören, ließ sich nicht feststellen, da keine Ähren gefunden worden sind. Da aber auch keine Grannenreste gefunden worden sind, so war es wahrscheinlich eine unbegrannte Form, ein sogenannter Binkelweizen.

In Deutschland und in dem nördlich des Mittelmeergebietes gelegenen Teile Europas überhaupt ist in der historischen Zeit stets *Triticum vulgare* die am meisten angebaute Formengruppe der Nacktweizen der Dinkelreihe gewesen. Die Zahl der in diesem Gebiete angebauten Formen, die teils — meist — unbegrannt, teils begrannt sind, ist recht bedeutend. Neuerdings breitet sich in diesem Gebiete jedoch eine vielgestaltige Formengruppe, der Squarehead- oder Dickkopfweizen, *Tr. capitatum*, aus, die, wie dargelegt wurde, aus Kreuzungen von *Triticum compactum* mit *Tr. vulgare* hervorgegangen ist. Ihre ersten Formen sind in den sechziger Jahren des vorigen Jahrhunderts in Schottland oder Nordengland gezüchtet worden. Sie wird wahrscheinlich in den milderen Gegenden nördlich des Mittelmeergebietes *Triticum vulgare* allmählich fast vollständig verdrängen.

Ich habe bereits darauf hingewiesen, das uns der Polnische Weizen, *Triticum polonicum*, die mißbildete Formengruppe der Emmerreihe, am spätesten von allen Nacktweizenformengruppen entgegentritt.

Die erste Beschreibung dieses Weizens, zugleich überhaupt der älteste Nachweis seiner Existenz, findet sich nämlich im zweiten Bande der Historia plantarum universalis von J. Bauhin und Cherler; er heißt hier *Triticum speciosum grano longo.* Dieses Werk ist 1650 und (Band 2 und 3) 1651 erschienen. Es ist aber erheblich früher verfaßt worden, denn J. Bauhin ist bereits 1613, sein Schwiegersohn Cherler sogar schon 1610 gestorben. J. Bauhin hatte den Polnischen Weizen aus dem Stuttgarter Botanischen Garten erhalten und kultivierte ihn in seinem Mömpelgarder Garten.

Dann wird der Polnische Weizen im zweiten, 1692 erschienenen Teile von Plukenets Phytographia, und im dritten, 1699 erschienenen Teile von Morisons Plantarum historia universalis Oxoniensis beschrieben und abgebildet. Morison, der ihn als *Triticum majus longiore grano glumis foliaceis incluso, Poloniae dictum,* bezeichnet, gibt an, daß er auf Äckern mit besserem Boden angebaut werde. Plukenet, der ihn *Triticum polonicum* — welchen Namen Linné beibehalten hat — nannte, kannte ihn nur aus dem Oxforter Botanischen Garten, wo er von Morison, und zwar vor 1683, in welchem Jahre Morison gestorben ist, kultiviert wurde.

Morison gibt leider nicht an, wo der Polnische Weizen damals auf Äckern angebaut wurde. Eine bestimmte Angabe eines Landes, wo dieser Weizen in landwirtschaftlicher Kultur war, findet sich meines Wissens erst im zweiten Bande von Albrecht von Hallers 1768 erschienener Historia stirpium indigenarum Helvetiae inchoata. Nach von Hallers Angabe wurde er, und zwar *Triticum polonicum levissimum* Haller, Kcke., damals am meisten in Thüringen angebaut, während in der Schweiz sein Anbau erst begann. Lange kann damals aber der Anbau des Polnischen Weizens in Thüringen noch nicht bestanden haben. Denn D. G. Schreber sagt in einer Abhandlung „Von dem großen pohlnischen Weizen“, die 1760 im sechsten Teile der von ihm herausgegebenen „Sammlung verschiedener Schriften, welche in die öconomischen, Policey- und cameral- auch andere verwandte Wissenschaften einschlagen“, erschienen ist, und in der der Polnische Weizen ausführlich beschrieben und abgebildet — und wohl zum ersten Male in der deutschen Literatur als Polnischer Weizen bezeichnet — wird: „Im Jahre 1758 gelangte ich zu 8 Körnern, die . . . mit dem Namen lothringisches Korn deswegen bezeichnet wurden, weil es in Lothringen gebaut werden soll. Ich vernahm nachher, es würde vortreflich Brod in Frankreich daraus gebacken; und das war es alles, was ich von dieser bey uns noch sehr seltenen Getreydeart in Erfahrung bringen konnte". Schreber hatte also den Polnischen Weizen bei seinem Aufenthalte in Thüringen in den vierziger Jahren des achtzehnten Jahrhunderts, als er sich eifrig mit den wirtschaftlichen Verhältnissen Thüringens beschäftigte und sich mit dem Gedanken trug, ein thüringisches „Wirthschafts-Buch" auszuarbeiten, nicht kennen gelernt. Der Polnische Weizen kann also in den vierziger Jahren in Thüringen nicht viel angebaut worden sein. Und da man voraussetzen darf, daß Schreber auch nach seiner Übersiedlung nach Halle im Jahre 1748 die landwirtschaftlichen Verhältnisse Thüringens nicht aus den Augen verloren hat, so kann man wohl behaupten, daß der Anbau des Polnischen Weizens in Thüringen vor 1760 ohne Bedeutung gewesen ist oder gar nicht bestanden hat. Für einen nur sehr unbedeutenden — oder überhaupt nicht bestehenden — Anbau des Polnischen Weizens in Thüringen vor 1745 spricht auch der Umstand, daß A. v. Haller in der von ihm besorgten dritten Auflage von Rupps Flora jenensis (1745) diesen Weizen nicht aufführt.

Im Jahre 1818 wurde der Polnische Weizen offenbar nicht mehr in der Schweiz kultiviert. Dagegen scheint sein landwirtschaftlicher Anbau in Thüringen ununterbrochen bis in die zweite Hälfte des neunzehnten Jahrhunderts fortgesetzt worden zu sein. Jetzt ist er aber wohl aufgegeben.[1])

---

[1]) Zur Herstellung von Trockenbuketts wurde der Polnische Weizen noch vor wenigen Jahren — und wird er vielleicht noch jetzt — in Thüringen kultiviert.

Auch anderwärts in Deutschland wurde der Polnische Weizen früher, wenigstens im achtzehnten Jahrhundert und im Anfange des neunzehnten Jahrhunderts, landwirtschaftlich angebaut, doch wohl nicht allzuviel. Jetzt scheint kein regelmäßiger landwirtschaftlicher Anbau des Polnischen Weizens in Deutschland und ebenso in Österreich-Ungarn, Belgien, Frankreich und England mehr stattzufinden.[1])

Es ist bis jetzt noch nicht aufgeklärt, von wo der Polnische Weizen in Mitteleuropa und England eingeführt worden ist. Der Name Polnischer Weizen weist auf Polen hin. Von hier wurde dieser Weizen nach Seringes Angabe noch im zweiten Dezennium des neunzehnten Jahrhunderts in großer Menge — zu Schiff über Danzig — ausgeführt, und hier wurde er nach Rostafińskis Angabe noch im Anfange der siebziger Jahre des neunzehnten Jahrhunderts als „Riesenkorn" häufig[2]) angebaut. Da er damals noch in anderen Gegenden Westrußlands in Kultur war, so ist es recht wahrscheinlich, daß er eine alte Kulturpflanze Polens — in seinem ehemaligen weiten Umfange — ist. Offenbar ist er aus Polen erst spät in das westlichere Europa gelangt.[3])

Für eine späte Einführung des Polnischen Weizens in Deutschland sprechen auch seine meisten — zum Teil schon im achtzehnten Jahrhundert vorhandenen — deutschen Namen: Sibirischer Weizen, Astrachanisches Korn, Wallachisches Korn, Ägyptisches Korn, Korn aus Kairo, Weizen aus Mogador und Surinam, Lothringischer Weizen usw., die allerdings teilweise

---

[1]) Neuerdings wird versucht, durch Kreuzung von *Triticum polonicum* mit *Tr. vulgare* einen gegen Rostbefall widerstandsfähigen — ertragreichen — Sommerweizen zu züchten.

[2]) Nach Ritschl soll der Polnische Weizen um 1850 im östlichen Teile der Provinz Posen nicht selten angebaut worden sein. Heute scheint das nicht mehr der Fall zu sein.

[3]) Hierauf weist auch einer seiner zahlreichen Namen in Deutschland: Podolischer Weizen, hin.

sicher zum Zwecke der Reklame für den Polnischen Weizen, der oft von betrügerischen Samenhändlern als Riesenroggen verkauft wird und auch schon auf landwirtschaftlichen Ausstellungen als solcher prämiiert worden ist, frei erfunden sind. Es werden jedoch auch deutsche Namen des Polnischen Weizens angeführt, die den Eindruck machen, als wären sie in Deutschland im Volke entstanden und lange gebräuchlich gewesen: Ganer, Gomer, Gommer, Gümmer. Es ist mir aber nicht gelungen, diese Namen über die letzten Jahrzehnte des achtzehnten Jahrhunderts hinaus zurückzuverfolgen.

Auffällig ist es, daß *Triticum polonicum* auch in Spanien den Namen trigo polaco, trigo de Polonia (= Polnischer Weizen) führt. Ich bin der Meinung, daß der Polnische Weizen nach Spanien, wo er nur in Leon und Altkastilien sowie auf den Balearen angebaut zu werden scheint, nicht erst neuerdings unter diesem Namen aus dem östlicheren Europa eingeführt worden ist, sondern, daß er dort wenigstens seit dem Mittelalter angebaut wird und diesen Namen, der in Spanien vielleicht gar nicht im Volke gebräuchlich ist,[1]) erst später erhalten hat. Wahrscheinlich hatte er vorher andere Namen; auf den Balearen scheint sich ein solcher, blat de bona, erhalten zu haben. Vielleicht ist der Polnische Weizen in Spanien durch die Araber aus Nordafrika, wo er in verschiedenen Gegenden, vorzüglich in Abessinien, angebaut zu werden scheint, eingeführt worden.

Früher soll der Polnische Weizen auch in der Herzegowina und in Dalmatien angebaut worden sein. In Italien scheint er noch gegenwärtig in regelmäßiger landwirtschaftlicher Kultur zu sein.

In Spanien ist von den Formen des Polnischen Weizens am meisten *Triticum polonicum levissimum* Haller, Kcke. in

---

[1]) Auch in Deutschland sind ja der Name Polnischer Weizen und die übrigen auf eine Einführung dieses Weizens von auswärts hinweisenden Namen keine Volksnamen.

Kultur, das sich durch lange, meist lockere, im Umfange quadratische, reif weiße[1]) und kahle oder wenig behaarte Ähren sowie reif weiße und sehr lange Früchte auszeichnet. Außerdem wird hier noch *Tr. polonicum villosum* Desvaux, das sich von *Tr. p. levissimum* im wesentlichen nur durch kürzere und stärker behaarte Ähren auszeichnet, angebaut.

2.

In Afrika wird ohne Zweifel am längsten in Ägypten Weizen angebaut. Schon in der Zeit der fünften ägyptischen Dynastie, die wahrscheinlich in das vierte Jahrtausend vor Christi Geburt fällt, wurde hier Weizen kultiviert. In den aus mit Häcksel durchknetetem Nilschlamm hergestellten Luftziegeln der aus jener Zeit stammenden Pyramide von Dashûr sind Weizenfrüchte gefunden worden. Sie gehören zu Nacktweizenformengruppen. Doch dürfte in Ägypten, wenigstens in Oberägypten, ursprünglich Spelzweizen das vorherrschende Weizengetreide gewesen sein. Nach Brugsch werden nämlich in den ältesten ägyptischen Inschriften stets drei Getreide: bōte (oder bōti oder bet), coyo und iōt, genannt. Iōt ist die Gerste, bōte und coyo sind Weizen. Nach Schweinfurths Annahme ist coyo Nacktweizen, bōte aber mit der *ὄλυρα* [olyra] der Septuaginta, der in Ägypten entstandenen griechischen Übersetzung des Alten Testamentes der Bibel, identisch. Die olyra der Septuaginta ist ohne Zweifel dasselbe Getreide wie Herodots *ὄλυρα* [olyra], von der wir ja schon gehört haben,[2]) daß sie ein Spelzweizen, höchstwahrscheinlich der Emmer ist. Bōte, von dem die Inschriften ein rotes und ein weißes kennen, wird nach Schweinfurth in oberägyptischen Inschriften auch zur Bezeichnung des Monats Tybi gebraucht. Der Tybi ist aber der einzige Monat des Jahres, welcher

---

[1]) Wegen dieser Eigenschaft wurde diese Form von Alefeld als *Deina polonica* var. *alba* bezeichnet. In der landwirtschaftlichen Literatur wird sie meist weißer Polnischer Weizen genannt.

[2]) Vergl. S. 32.

einen Mann mit einer Ähre in der rechten Hand zur Bezeichnung hat; man kann also annehmen, daß er, wenigstens in Oberägypten, ursprünglich der Haupterntemonat, bōte hier also ursprünglich das Hauptgetreide war. Wie schon vorhin[1]) gesagt wurde, sind aus Ägypten aus späterer Zeit Spelzweizenreste bekannt; sie gehören zum Emmer, und zwar wohl ausschließlich zu dem kurz- oder unbegrannten *Triticum dicoccum tricoccum* Schübler. Man darf somit wohl annehmen, daß bōte Emmer, und zwar hauptsächlich oder ausschließlich *Tr. dicoccum tricoccum* ist, daß also in Ägypten in ältester Zeit hauptsächlich Emmer angebaut worden ist.

Emmer ist sicher das ganze Altertum und wohl auch das Mittelalter hindurch in Ägypten angebaut worden. Auch bei dem hier in der zweiten Hälfte des sechzehnten Jahrhunderts von Prospero Alpino beobachteten Spelzweizen handelt es sich offenbar um Emmer, wahrscheinlich ebenfalls um die Form *Tr. dic. tricoccum*, nicht, wie Koernicke annimmt, um Dinkel, dessen Anbau in Ägypten sich überhaupt nicht nachweisen läßt.[2]) Diese Emmerform hat sich in Ägypten wahrscheinlich bis in den Anfang des neunzehnten Jahrhunderts in der Kultur erhalten; wenigstens hatte sie Schübler, der sie — 1818 — zuerst beschrieben hat, mit der Bezeichnung Ägyptischer Spelz erhalten. Später ist auch *Triticum dicoccum farrum* Bayle-Barelle aus Ägypten nach Europa gelangt. Vielleicht war es dorthin aus Abessinien gekommen, wo im neunzehnten Jahrhundert außer dieser Form noch verschiedene ihr nahestehende Formen, so *Tr. dicoccum rufum* Schübler und *Tr. dicoccum Arras* Hochstetter, das in mehrere Unterformen zerfällt, von denen eine reif grüne Ähren hat, angebaut wurden.

Nach Unger gehören die in den altägyptischen Ziegeln und Gräbern gefundenen Nacktweizenreste zu *Triticum*

---

[1]) Vergl. S. 32.

[2]) Vielleicht ist in Ägypten, wenigstens im späteren Altertum, aber Einkorn angebaut worden.

vulgare und *Tr. turgidum.* Nach Buschan lassen sich in den Ziegeln der Pyramide von Dashûr nur Reste von *Triticum vulgare* und *Tr. compactum globiforme* Buschan nachweisen. Und Koernicke erklärt, daß er den von ihm gesehenen „Mumienweizen" zu *Tr. vulgare* zöge. Nach Schweinfurths Ansicht war jedoch der von den alten Ägyptern coyo genannte Nacktweizen *Triticum durum*; Schweinfurth hat auch Reste dieser Formengruppe nachgewiesen. Die aus dem ägyptischen Altertume erhaltenen Getreideabbildungen gestatten nur den Schluß, daß damals begrannte und unbegrannte Nacktweizenformen angebaut worden sind.

Wenn auch wohl ursprünglich Spelzweizen das Hauptweizengetreide Ägyptens gewesen ist, so ist später in Ägypten doch wahrscheinlich hauptsächlich Nacktweizen angebaut worden. Dies war wahrscheinlich bereits zu Herodots Zeit — im fünften Jahrhundert vor Christi Geburt — der Fall; seine schon mitgeteilte Behauptung, die Ägyter genössen nur Backwerk aus *ὄλυρα* [olyra], also Emmer, bezieht sich wohl nur auf die Priesterkaste, die ja sehr konservativ war und offenbar nur Gebäck aus Spelzweizen, dem Hauptgetreide Ägyptens, wenigstens Oberägyptens, in ältester Zeit, genoß.

Jetzt wird in Ägypten fast nur Nacktweizen angebaut, wie es scheint hauptsächlich *Triticum turgidum*, das deswegen auch Ägyptischer Weizen genannt wird, aber auch *Triticum durum* und *Tr. vulgare.*

Außer in Ägypten und Abessinien wird gegenwärtig auch im übrigen Nordafrika viel Weizen angebaut. Doch wie es scheint, nur Nacktweizen. In der Neuzeit war ursprünglich wahrscheinlich *Triticum durum* die verbreitetste Nacktweizenformengruppe, neuerdings wird aber wohl *Tr. vulgare* am meisten angebaut. In Abessinien sind außer *Triticum durum*, *Tr. turgidum* und *Tr. vulgare* auch *Tr. polonicum* und *Tr. compactum* in landwirtschaftlicher Kultur, von letzterem vorzüglich Formen, die sich durch sehr stark von der zweizeiligen Seite her zusammengedrückte, begrannte Ähren auszeichnen.

3.

In A s i e n sind d r e i Gebiete mit altem Weizenbau vorhanden: V o r d e r a s i e n, V o r d e r i n d i e n und C h i n a.

Vorderasien ist, wie ich dargelegt habe, wahrscheinlich die Heimat von *Triticum Spelta* und *Tr. dicoccum* sowie von *Tr. vulgare, Tr. compactum, Tr. durum* und *Tr. turgidum.*

Ich halte es für sehr wahrscheinlich, daß die bisher noch unbekannte Stammart von *Tr. Spelta* in höheren Strichen des Euphrat-Tigrisgebietes wächst oder wuchs und daß hier in der Kultur aus ihr *Tr. Spelta* hervorgegangen ist. Wahrscheinlich fällt die Entstehung von *Tr. Spelta* in eine Periode, deren Sommerklima wesentlich kühler und feuchter als das der Gegenwart war, wo sich die Reife der Individuen der Stammart verhältnismäßig langsam vollzog. Später sind dann aus *Tr. Spelta,* wahrscheinlich in denselben oder benachbarten Gebieten, den Sitzen der ältesten Kulturvölker der Alten Welt, doch offenbar an verschiedenen Stellen und aus verschiedenen, heute nicht mehr bestehenden Formenkreisen dieser Formengruppe *Triticum vulgare* und *Tr. compactum* gezüchtet worden. Wahrscheinlich ist diese Züchtung ganz zielbewußt in einer Zeit ausgeführt worden, wo das Sommerklima trockner und heißer als vorher und wohl auch gegenwärtig wurde. In einem solchen Klima gestatten nur Nacktweizen mit bei der Reife zähen Ährenachsen eine ergiebige Ernte.

Wie dargelegt wurde, ist *Triticum dicoccoides* sowohl in Syrien als auch in Westpersien gefunden worden, und es ist wahrscheinlich, daß es auch noch in anderen Strichen Vorderasiens vorkommt oder doch in einer Zeit, als hier schon Getreide gebaut wurde, vorkam. Wahrscheinlich ist *Tr. dicoccum* aus ihm in verschiedenen Gegenden Vorderasiens — in der Kultur — entstanden. Wahrscheinlich fällt die Entstehung von *Tr. dicoccum* in dieselbe Periode wie die von *Tr. Spelta.* Wahrscheinlich sind auch *Tr. durum* und *Tr. turgidum* ungefähr gleichzeitig und auf dieselbe Weise wie *Tr. vulgare* und *Tr. compactum* gezüchtet worden. Ihre Züchtung fällt wohl in Gegenden mit wärmeren

Wintern als die Züchtung dieser Formengruppen; dort sind sie offenbar aus verschiedenen heute nicht mehr bestehenden Formenkreisen von *Tr. dicoccum* hervorgegangen.

Nach ihrer Entstehung haben sich *Triticum Spelta* und *Tr. dicoccum* sowie die genannten von ihnen abstammenden Nacktweizenformengruppen wohl hauptsächlich durch Völkerwanderungen ausgebreitet. Während *Tr. Spelta* in der prähistorischen Zeit weder nach dem südlicheren Vorderasien noch nach Südeuropa und Afrika gelangt zu sein scheint, hat sich *Tr. dicoccum* schon in der neolithischen Zeit im ganzen vorderasiatischen und europäischen Anbaugebiete des Weizens weit ausgebreitet und ist auch schon sehr früh nach Ägypten gelangt. Im Gegensatz zu ihren Spelzweizenformengruppen haben sich in der prähistorischen Zeit die empfindlicheren Nacktweizen der Emmerreihe viel weniger ausgebreitet als die Nacktweizen der Dinkelreihe, die in der neolithischen Periode offenbar in allen damaligen Getreideanbaugebieten Europas und Vorderasiens angebaut wurden und wohl in den meisten von diesen das Hauptgetreide waren.

Nacktweizen dieser Reihe scheinen auch schon sehr frühzeitig zu den Chinesen gelangt zu sein. In China ist wenigstens bereits in sehr alter Zeit, wohl schon vor der Mitte des dritten Jahrtausends vor Christi Geburt, Weizen angebaut worden. Es läßt sich nun freilich nicht erkennen, zu welchen Formengruppen der damals angebaute chinesische Weizen gehört. Da aber gegenwärtig, wie es scheint, in China nur Formen von *Triticum vulgare* angebaut werden, so darf man wohl vermuten, daß dies auch früher so gewesen ist, und daß nur solche, und zwar sehr frühzeitig, in China eingeführt worden sind. Die Tatsache, daß in China schon in sehr alter Zeit Weizen angebaut worden ist, hat Graf zu Solms-Laubach Veranlassung gegeben, eine sehr eigenartige Hypothese von der Heimat der Formengruppen des Weizens aufzustellen. Nach Solms-Laubachs Meinung liegt nicht der leiseste Anhaltspunkt vor, der darauf deutete, daß der Weizen den Chinesen von auswärts zugeführt worden wäre. Er hält es für ganz unwahrscheinlich, daß in jenen zurückliegenden Epochen eine der hauptsächlichsten Brotfrüchte von Vorderasien nach dem isolierten, zu Land durch weite Wüsten und Steppen geschiedenen, zur See nur auf weitem Umweg erreichbaren China gebracht worden sein sollte. Es läßt sich seines Erachtens nur annehmen, daß die Stammform der heute vorhandenen Eutriticumformen in Zentralasien wuchs, als ein großer Teil von diesem mit einem Binnenmeere, dem sog. Han-hai, bedeckt war, daß sich damals hier aus ihr zunächst *Triticum monococcum*, dann *Tr. dicoccum*, darauf *Tr. Spelta* und endlich die Nacktweizen entwickelt hätten, und daß dann Zentralasien durch Verschwinden des Hanhais zum großen Teil zur Wüste geworden wäre, wodurch sowohl — außer zahlreichen anderen Gewächsen — die Weizen als auch die menschlichen Bewohner, die die genannten Weizen vorher in Kultur genommen hätten, aus Zentralasien hinauszentrifugiert worden wären, d. h. veranlaßt worden wären, nach Osten und Westen auszuwandern. Auf diese Weise wären die Weizen nach China sowie nach Vorderasien und — *Triticum monococcum* — Europa gelangt. Nur durch diese Annahme ließe sich der Gemeinbesitz der Weizenkultur bei den Völkern des Westens und den Chinesen erklären. Später wären die Stammformen der Weizen außer *Tr. monococcum* ausgestorben und nur ihre durch Menschen gezüchteten Deszendenten, im kultivierten Zustande, erhalten geblieben.

Ich bin überzeugt, daß der Weizen in der Tat aus Zentralasien — durch die Chinesen selbst — nach China gelangt ist. Die Chinesen haben ihn aber nicht in Zentralasien gezüchtet. Es ist hier überhaupt keine der behandelten Weizenformengruppen gezüchtet worden; offenbar ist hier nie eine von ihren Stammarten vorgekommen. Der Weizen ist vielmehr hier aus Vorderasien eingeführt worden. Es ist recht wahrscheinlich, daß die Einführung durch die Vorfahren der Chinesen erfolgt ist, daß diese ehemals — unter von den heutigen abweichenden klimatischen Verhältnissen —

aus Vorderasien in Zentralasien eingewandert sind. Daß sich auf Grund der chinesischen Überlieferungen und der heutigen chinesischen Verhältnisse nichts darüber sagen läßt, wie die Chinesen in den Besitz des Weizens gelangt sind, liegt daran, daß dieser Vorgang in eine weit zurückliegende Zeit fällt, in der die Chinesen auf ganz primitiver Kulturstufe standen.

Auch in Vorderindien ist offenbar frühzeitig Nacktweizen eingeführt worden. Er wurde hier bereits von der Urbevölkerung neben Hirse allgemein angebaut, als die arischen Inder, deren Hauptgetreide die Gerste war, hier einwanderten. Zu welcher Reihe der damals in Vorderindien angebaute Nacktweizen gehört, ist nicht bekannt.

Über die spätere Geschichte der Nacktweizen in Asien wissen wir wenig Sicheres. Nacktweizenreste scheinen in Asien bis jetzt fast gar nicht aufgefunden zu sein.[1]) Gegenwärtig wird in Asien außer in Vorderindien und China auch in Vorder- und Zentralasien viel Nacktweizen angebaut. Am meisten ist wohl *Triticum vulgare* in Kultur. In Zentralasien wird auch *Tr. compactum* — in verschiedenen Formen — angebaut. In Vorderasien werden *Tr. durum* und *Tr. turgidum* viel kultiviert.

Während es wohl nicht bezweifelt werden kann, daß die beiden alten Nacktweizenformengruppen der Dinkelreihe und die beiden normalen Formengruppen der Emmerreihe — nur — in Vorderasien entstanden sind, muß es zweifelhaft gelassen werden, ob auch die mißbildete Formengruppe dieser Reihe, *Triticum polonicum,* hier entstanden ist. Ein Anbau dieser Gruppe in Asien scheint sich nicht nachweisen zu lassen.

Der Emmer, der, wie gesagt wurde, wahrscheinlich ursprünglich eine weite Verbreitung in Vorderasien erlangt hatte, trat später hier mehr und mehr zurück hinter seine

---

[1]) Auf dem Burgberge von Hissarlik-Troja sollen in den Resten einer über der sog. zweiten — neolithischen — Stadt liegenden bronzezeitlichen Niederlassung Früchte von *Tr. durum* gefunden sein.

Abkömmlinge und die Nacktweizen der Dinkelreihe, je mehr sich deren vorteilhafte Eigenschaften in der Kultur ausbildeten. Er scheint in Palästina noch zur Zeit der Mišnâh, d. h. in den beiden ersten Jahrhunderten unserer Zeitrechnung, doch nur noch selten,[1]) in Kleinasien noch zur Zeit des Galenos, und zwar offenbar ziemlich viel, angebaut worden zu sein. Später hat dann, wie es scheint, seine Kultur in Vorderasien fast ganz aufgehört.

In Vorderindien soll er gegenwärtig noch in geringem Umfange angebaut werden.

Weder Reste des Emmers noch des Dinkels scheinen bisher in Asien aufgefunden zu sein. Dagegen sind hier, und zwar in der Troas — in den Ruinen der zweiten, neolithischen Stadt auf dem Burgberge von Hissarlik-Troja — Reste des Einkorns gefunden worden. Die damals in der Troas angebaute Einkornform, die das Hauptgetreide dieser Gegend war, hatte nach Wittmack meist zwei fruchtbare Blüten im Ährchen. Sie stammte offenbar von *Triticum aegilopoides Thaoudar*, der asiatischen Unterart von *Tr. aegilopoides*, ab. Ob diese vor oder nach *Triticum dicoccoides* und der bisher unbekannten Stammart von *Tr. Spelta*, und ob sie an einer oder an mehreren Stellen und wo sie in Kultur genommen worden ist, darüber läßt sich nichts sagen. Ebenso wissen wir nur sehr wenig über die spätere Geschichte des Einkorns in Asien. Bestimmt hören wir von einem Anbau des Einkorns in Asien im historischen Altertum, wie schon mitgeteilt wurde, durch Galenos, zu dessen Zeit es in Mysien viel kultiviert

---

[1]) Vorausgesetzt, daß — was sehr wahrscheinlich ist (vergl. S. 59) — das hebräisch kussemet (plur. kussmim), in der Septuaginta, der griechischen Übersetzung des Alten Testamentes ὄλυρα [olyra] — 2. Mos. 9, 32, Ezech. 4, 9 — oder ζέα [zea] — Jes. 28, 25 — genannte Getreide, das ein Spelzweizen war, wirklich Emmer war. Es scheint, wenigstens in älterer Zeit, in Vorderasien — ob aber in Palästina? — vorzüglich am Rande der Getreidefelder angebaut worden zu sein. Wahrscheinlich geschah dies, um das Weidevieh und grasfressende wilde Tiere vom anderen Getreide vorzüglich vom Nacktweizen fernzuhalten.

wurde. Heute scheint der Anbau des Einkorns in Kleinasien ganz unbedeutend zu sein.

Wie ich dargelegt habe, scheinen die meisten heute kultivierten Einkornformen, die das Gewöhnliche Einkorn bilden, von *Triticum aegilopoides boeoticum*, der europäischen Unterart von *Tr. aegilopoides*, abzustammen. Ob diese ganz selbständig in Kultur genommen worden ist, oder ob sie erst in Kultur genommen worden ist, nachdem man schon andere, aus Asien eingeführte Weizenformen kannte, darüber läßt sich nichts sagen. Ebenso läßt sich nichts darüber sagen, wann sich das Gewöhnliche Einkorn von der Balkanhalbinsel her ausgebreitet hat. Ob die europäischen prähistorischen Einkornreste zum Asiatischen oder zum Gewöhnlichen Einkorn gehören, ist noch nicht festgestellt. Das Gewöhnliche Einkorn scheint später das Asiatische Einkorn meist, auch in Asien, verdrängt zu haben; heute scheint in Kleinasien nur das Gewöhnliche Einkorn angebaut zu werden,

4.

Die Nacktweizen sind auch in Amerika und Australien eingeführt worden. Heute wird in beiden Erdteilen, vorzüglich in Amerika, strichweise sehr viel Nacktweizen angebaut. Die Hauptmasse gehört wohl zu *Triticum vulgare*, die übrigen Formengruppen scheinen viel weniger und nur strichweise, *Tr. compactum* hauptsächlich in Chile, angebaut zu werden. Spelzweizen sind in beiden Erdteilen wohl nur versuchsweise angebaut worden.

Literatur.

Aaronsohn, Über die in Palästina und Syrien wildwachsend aufgefundenen Getreidearten, Verhandlungen der k. k. zoologisch-botanischen Gesellschaft in Wien, Bd. 59, 1909 (1910), S. 485—509.

Ascherson und Graebner, Synopsis der mitteleuropäischen Flora, Bd. 2, Abt. 1 (Leipzig 1898—1902), S. 673—720.

Beijerinck, Über den Weizenbastard Triticum monococcum ♀ × Triticum dicoccum ♂, Nederlandsch Kruidkundig Archief, Ser. 2, T. 4 (1886), S. 189—201, und Taf. 3; Ders., Über die Bastarde zwischen Triticum monococcum und Triticum dicoccum, ebendas. S. 455—473.

Buschan, Vorgeschichtliche Botanik der Kultur- und Nutzpflanzen der alten Welt auf Grund prähistorischer Funde (Breslau 1895), S. 1—34.

Eriksson, Bidrag till det odlade hvetets systematik, Landbruks-Akademiens Handlinger od Tidskrift 1892, sowie in deutscher Übersetzung unter dem Titel: Beiträge zur Geschichte des Weizens, Die landwirtschaftlichen Versuchsstationen, Bd. 44 (1895), S. 37—135.

Fruwirth, Die Züchtung der landwirtschaftlichen Kulturpflanzen, Bd. 4, 2. Aufl. (Berlin 1910), S. 107—187.

Gradmann, Der Dinkel und die Alamannen, Württembergische Jahrbücher für Statistik und Landeskunde, Jahrgang 1901 (1902), I, S. 103—158, mit einer Karte; Ders., Der Getreidebau im deutschen und römischen Altertum (Jena 1909).

Hackel, Gramineae in Engler und Prantl, Die natürlichen Pflanzenfamilien, Teil 2, Abt. 2 (Leipzig 1887), S. 1—97 (80—86).

Heer, Die Pflanzen der Pfahlbauten, Separatabdruck aus dem Neujahrsblatt der Naturforschenden Gesellschaft [zu Zürich] auf das Jahr 1866 (1865), vorz. S. 4—16, sowie 45 u. f.

Hillmann, Die deutsche landwirtschaftliche Pflanzenzucht, Arbeiten der deutschen Landwirtschafts-Gesellschaft, Heft 168 (Berlin 1910).

Hoops, Waldbäume und Kulturpflanzen im germanischen Altertum (Straßburg 1905), S. 275 u. f.

Koernicke, Die Arten und Varietäten des Getreides (Berlin 1885), S. 22—114; Ders., Über Triticum vulgare var. dicoccoides, Bericht über den Zustand und die Tätigkeit der Niederrheinischen Gesellschaft für Natur- und Heilkunde [in Bonn] während des Jahres 1888 (1889), S. 21; Ders., Die Entstehung und das Verhalten neuer Getreidevarietäten, Archiv für Biontologie, herausgegeben von der Gesellschaft naturforschender Freunde zu Berlin, Bd. 2 (1908), S. 391—437 (395—411).

Sarauw, Dvaerghveden (*Triticum compactum* Host) og Engelske Hvede (*Triticum turgidum* L.), Botanisk Tidsskrift udg. af den bot. Forening i København, Bd. 23 (1900), S. 83—99.

Seringe, Mélanges botaniques, Bd. 1, Nr. 2, Monographie des céréales de la Suisse (1818), S. 65—244; Ders., Descriptions et figures des céréales européennes, 2. Teil, Annales des sciences physiques et naturelles de Lyon, Bd. 5 (1842), S. 103—196, mit 8 Tafeln.

Schulz, Die Geschichte des Weizens, Zeitschrift für Naturwissenschaften, Bd. 83, 1911 (1912), S. 1—68; Ders., Die Abstammung des Weizens, Mitteilungen der Naturforschenden Gesellschaft zu Halle a. d. S., Bd. 1, 1911 (1912), S. 14—17; Ders., Abstammung und Heimat des Weizens, 39. Jahresbericht des Westfälischen Provinzial-Vereins für Wissenschaft und Kunst [zu Münster] für 1910—1911 (1911), S. 147—152; Ders., Die Abstammung des Einkorns (*Triticum monococcum* L.), Mitteilungen der Naturforschenden Gesellschaft zu Halle a. d. S., Bd. 2, 1912 (1913), S. 12—16; Ders., *Triticum aegilopoides Thaoudar* × *dicoccoides*, ebendas. S. 17—20; Ders., Beiträge zur Kenntnis der kultivierten Getreide und ihrer Geschichte, II. Über die Abstammung des Weizens, Zeitschrift für Naturwissenschaften, Bd. 84, 1912—1913 (1913), S. 414—423; Ders., Über eine neue spontane Eutriticumform: *Triticum dicoccoides* Kcke., form. *Straussiana*, Berichte der Deutschen botanischen Gesellschaft, Bd. 31 (1913), S. 226—230 und Taf. X.

Schweinfurth, Ägyptens auswärtige Beziehungen hinsichtlich der Kulturgewächse, Verhandlungen der Berliner Gesellschaft für Anthropologie, Ethnologie und Urgeschichte, Jahrg. 1891,

S. 649—669; Ders., Über die von A. Aaronsohn ausgeführten Nachforschungen nach dem wilden Emmer, Berichte der Deutschen botanischen Gesellschaft, Bd. 26[a] (1908), S. 309—324.

Graf zu Solms-Laubach, Weizen und Tulpe und deren Geschichte (Leipzig 1899).

Stapf, The history of the wheats, Report of the 79. meeting of the British association for the advancement of science, Winnipeg 1909 (1910), S. 799—808.

Vogelstein, Die Landwirtschaft in Palästina zur Zeit der Mišnâh. 1. Teil. Der Getreidebau (Berlin 1894).

Wönig, Die Pflanzen im alten Ägypten (Leipzig 1886).

2. Der Roggen.

I.

Die wenigen, nur unerheblich voneinander abweichenden Formen, die man unter dem Namen Roggen, *Secale cereale* Linné, zusammenfaßt, sind — was zuerst von E. Regel bestimmt behauptet wurde — sämtlich in der Kultur entstandene — wenn sie irgendwo wild auftreten, nur verwilderte — Abkömmlinge von *Secale anatolicum* Boissier (erweitert), einer der drei Unterarten von *S. montanum* Gussone (im weiteren Sinne).

Secale anatolicum scheint nur in Asien vorzukommen. Hier ist es in Kleinasien, Syrien, Armenien, Kurdistan, Persien, Afghanistan, der Turkmenensteppe, Turkestan, der Dsungarei und der Kirgisensteppe beobachtet worden.

Von den beiden anderen Unterarten von *Secale montanum* (im weiteren Sinne) wächst die eine, das eigentliche *S. montanum* Gussone, auf den drei südeuropäischen Halbinseln, auf Sizilien sowie in Nordafrika, die andere, *S. dalmaticum* Visiani, in Dalmatien und in der Herzegowina.

Die drei Unterarten weichen nur unbedeutend voneinander ab.[1] *Secale montanum* (im engeren Sinne) hat

---

[1] Der Blüten- und Fruchtstand der außer *Secale montanum* (im weiteren Sinne) nur noch eine Art (*S. silvestre* Host = *fragile* M. v. Bieberstein) umfassenden Gattung *Secale*, die von vielen Systematikern als Sektion der Gattung *Triticum* betrachtet wird, weicht dadurch von dem von *Eutriticum* (siehe S. 6) ab, daß seine Achse nicht mit einem Ährchen abschließt, sondern nur seitenständige Ährchen trägt, deren oberste aber meist mehr oder weniger verkümmern. Die Ährchen, deren Hüllspelzen von den Eutriticumhüllspelzen abweichen, enthalten gewöhnlich zwei, selten drei oder vier Blüten. Wenn nur zwei Blüten vorhanden sind, so sind diese in der Regel zweigeschlechtig und fruchtbar; sind mehr als zwei Blüten vorhanden, so

bis zur Spitze unbehaarte Halme und kurzbegrannte Deckspelzen; *S. dalmaticum* hat ebenfalls unbehaarte Halme, aber längere Deckspelzengrannen und ist, namentlich an den Blättern, meist recht deutlich bläulich bereift. *S. anatolicum* zerfällt in zahlreiche Lokalformen. Bei der Mehrzahl dieser Formen scheinen die Halme sämtlicher Individuen oben behaart zu sein. Bei den übrigen Formen hat wahrscheinlich wenigstens ein Teil der Individuen behaarte Halme; doch ist es auch nicht ausgeschlossen, daß es Formen gibt, deren Halme sämtlich unbehaart sind. Bei einigen Formen haben Blätter und Halme einen schwachen bläulichen Reif. Ein Teil der Formen hat — bis gegen 70 mm — lange Deckspelzengrannen, doch bestehen auch Formen, deren Grannen nicht länger als die von *S. montanum* (im engeren Sinne) sind. Formen mit langen Deckspelzengrannen scheinen vorzüglich im östlichen Teile des Areales von *S. anatolicum*, im westlichen Zentralasien, vorzukommen. Hier, wo die Halme oben meist recht stark behaart sind, haben wir wohl die Heimat des Roggens zu suchen.

Der Roggen, der in der Regel — bis gegen 50 mm — lange Deckspelzengrannen und meist im oberen Teile, vielfach nur dicht unter der Ähre — sehr verschieden stark — behaarte Halme hat, unterscheidet sich von *S. anatolicum* im wesentlichen nur dadurch, daß seine Ährenachse bei der Fruchtreife nicht wie die dieses von selbst oder auf ganz leisen Druck oder Schlag in ihre einzelnen Glieder zerfällt, sondern so zäh ist, daß sie nur durch einen starken Schlag oder Druck in — unregelmäßige — Stücke zerlegt werden kann, sowie dadurch, daß seine reifen Früchte, die erheblich größer als die von *S. anatolicum* sind, nur ganz lose von den Deckspelzen und den Vorspelzen umgeben sind, während bei *S. anatolicum* die Spelzen die reifen Früchte fest einschließen.

---

sind meist nur die beiden untersten zweigeschlechtig und fruchtbar. Die Deckspelzen, die sich dadurch, daß sie gekielt sind, von den Eutriticumdeckspelzen unterscheiden, sind begrannt. Auch beim Roggen kommen, doch nur selten, an Stelle der einzelnen Ährchen zwei oder drei Ährchen oder einzelne ährchentragende Zweige vor.

Secale anatolicum ist ausdauernd. Die Individuen des Roggens, der gewöhnlich als Wintergetreide kultiviert wird, dagegen sterben in den meisten Anbaugebieten des Roggens — so auch in Deutschland — in der Regel nach der Fruchtreife und Fruchternte ab, auch wenn sie bezw. ihre Stoppeln noch lange auf dem Acker stehen bleiben. Nur in besonders günstigen Jahren schlagen in diesen Gegenden nach der Ernte die Stoppeln einzelner Individuen, wenn ihnen genügend Zeit gelassen wird, wieder aus; die neuen Triebe können zu ährentragenden Halmen heranwachsen. In einzelnen Gegenden, so im südlichen Rußland, scheinen aber die meisten Individuen wenigstens eine Reihe von Jahren imstande zu sein, nach der Ernte aus ihren Stoppeln neue Triebe zu entwickeln. Diese Fähigkeit des Roggens wird in einigen südrussischen Gouvernements, z. B. im Gouvernement Stawropol und im Gebiete der Donischen Kosaken landwirtschaftlich ausgenutzt. Man läßt hier die Stoppeln des — Winter- — Roggens nach der ersten Fruchternte wieder ausschlagen, erntet die Pflanzen im nächsten Jahre wieder ab und verfährt dann noch einmal oder mehrmals in derselben Weise. In normalen Jahren bilden die nach der Ernte entstandenen Schößlinge bis zum Winter nur eine Anzahl Blätter aus, die überwintern; in regenreichen Jahren dagegen entwickeln sie vor dem Winter auch noch Ähren.

Es bestehen also hinsichtlich der Lebensdauer der Individuen keine wesentlichen Unterschiede zwischen dem Roggen und *Secale anatolicum.*

II.

Der Roggen ist aus *Secale anatolicum* wahrscheinlich in Turkestan gezüchtet worden. In Turkestan ist er jetzt zwar nur wenig in landwirtschaftlicher Kultur, doch ist er offenbar ehemals dort viel angebaut worden, wie seine gegenwärtige weite dortige Verbreitung im verwilderten

Zustande erkennen läßt. Namentlich in der turkestanischen Landschaft Taschkent ist er häufig. Hier sind weite Flächen des Mittelgebirges und der humusreichen Ebenen so üppig und rein mit verwildertem — großfrüchtigem — Roggen bestanden, daß man sich mitten in einem sorgfältig mit Roggen bestellten Lande wähnt. Der Roggen dient in Turkestan nur zur Heubereitung.

Die Züchter des Roggens waren wohl Glieder eines türkischen Volkes. Von diesem Volke haben ihn andere türkische Völker sowie — vielleicht durch Vermittlung solcher Völker — die finnischen und baltisch-slavischen Völker erhalten. Zu den Germanen ist er wohl erst von den Slaven gekommen. Für diese Annahmen sprechen die Roggennamen der genannten Völker,[1]) die ebenso wie das Wort *βρίζα* (briza), mit dem, wie später noch näher dargelegt werden wird, im zweiten Jahrhundert nach Christi Geburt in Thrakien und Makedonien der Roggen bezeichnet wurde, und das neben *βρύζα* [brüza] noch heute in nordgriechischen Dialekten — wo diese Wörter wriza und wrüza lauten — diese Bedeutung hat, offenbar auf ein nicht mehr bestehendes, einer türkischen Sprache angehörendes Wort ụrugĝịā zurückgehen.

Zu den Germanen kann der Roggen erst spät gekommen sein, da der Roggenname, der sämtlichen germanischen Sprachen mit Ausnahme der gotischen gemeinsam ist, die sogenannte germanische Lautverschiebung nicht mitgemacht hat. Es läßt sich freilich nicht genau feststellen, in welche Zeit diese Lautverschiebung fällt. Sie kann aber nach der Annahme der Sprachforscher nicht allzulange vor dem Beginne unserer Zeitrechnung — nach Bremer nicht früher als im fünften Jahrhundert vor Christi Geburt und nicht später als im vierten Jahrhundert vor Christi Geburt — stattgefunden haben.

---

[1]) Es heißt der Roggen z. B. tatarisch areš, oroš, finnisch ruis, litauisch rugiaĭ (Plural von rugŷs, das Roggenkorn), russisch rožĭ, althochdeutsch rokko (aus germanisch roggan-, ruggn-, rug-n-).

Prähistorische Reste des Roggens sind bisher nur aus Schlesien und Mähren bekannt geworden. Die schlesischen Reste stammen aus Urnenfriedhöfen von Carlsruhe im Kreise Steinau und Camöse im Kreise Neumarkt; es sind in die Oberfläche von Gefäßen eingebackene verkohlte Körner und Blattreste. Diese Urnenfriedhöfe gehören der frühen prähistorischen Eisenzeit oder der Übergangszeit von der Bronze- zur Eisenzeit an. Nach Pax stammen sie aus dem siebenten bis sechsten Jahrhundert vor Christi Geburt. Älter würden die mährischen, in einem Pfahlbau in Olmütz gefundenen Roggenreste sein, wenn es sicher wäre, daß sie, wie ursprünglich angenommen wurde, aus der Bronzezeit stammten. Es ist aber möglich, daß sie der prähistorischen Eisenzeit, und vielleicht sogar erst dem zweiten oder ersten Jahrhundert vor Christi Geburt angehören. Schon vor Christi Geburt wohnten in Schlesien und Mähren Germanen; vorher war Mähren, vielleicht auch Schlesien, im Besitze der Kelten. Zu der Zeit, aus der die schlesischen Roggenreste stammen, wurde Schlesien jedoch wohl noch von den Karpodaken, ebenfalls einem westindogermanischen Volke, bewohnt, die offenbar den Roggen später in Thrakien und Makedonien eingeführt haben. Die mährischen Roggenreste stammen aber vielleicht von Kelten her, die bis ins zweite Jahrhundert vor Christi Geburt in Mähren gelebt zu haben scheinen. Die Kelten würden somit den Roggen schon recht frühzeitig angebaut haben. Diese Annahme würde gut zu der — später noch näher betrachteten — Annahme von Hoops stimmen, die oberitalischen Kelten hätten spätestens im ersten Jahrhundert nach Christi Geburt den Roggen mit seinem — keltischen — Namen sasia auf ein ihnen benachbartes ligurisches Volk, die Tauriner, übertragen.

Außer diesen Resten, die sich nicht genauer datieren lassen, sind aber auch einigermaßen sicher datierbare Reste des Roggens gefunden worden, und zwar bei Haltern an der Lippe in Westfalen, bei Baden im Kanton Aargau, in Buchs im Kanton Zürich, im Pfahlbau Bor im Gardasee, bei Grädistia in Ungarn und bei Holzmengen in Siebenbürgen. Sie stammen aus römischer Zeit; die im Gardasee gefundenen vielleicht aus der späteren Zeit der Republik, die anderen aus der Kaiserzeit.

In der römischen Kaiserzeit spielte also der Roggen offenbar in einem bedeutenden Teile des mittleren Europas — vom Rheine bis zu den Karpathen — eine erhebliche Rolle als Kultur- und Nährpflanze. Er wurde aber nicht nur in diesem Gebiete selbst als Brotkorn benutzt, sondern auch aus ihm nach anderen römischen Provinzen exportiert. Daß letzteres der Fall war, geht meines Erachtens daraus hervor, daß er in dem schon erwähnten,[1]) aus dem Jahre 301 nach Christi Geburt stammenden Edictum Diocletiani an dritter Stelle, hinter dem Nacktweizen und der Gerste, aufgeführt wird. Er wird hier centenum sive [oder] sicale genannt. Daß mit diesen Namen wirklich der Roggen gemeint ist, läßt sich daraus mit Sicherheit erschließen, daß sie sich als Bezeichnungen für den Roggen erhalten haben und noch heute als solche vorkommen: *σίκαλε* [sicale] oder *σήκαλι* [sicali] im Neugriechischen, ssékere im Albanesischen, centeno im Spanischen, centeio und senteio im Portugiesischen. Die Betonung der ersten Silbe bei den neugriechischen und albanesischen Roggennamen läßt erkennen, daß auch bei dem sicale des Edictums die erste Silbe betont war.

Meines Erachtens ist nicht nur sicale, sondern auch centenum nicht lateinisch. Centenum gilt freilich allgemein für lateinisch und wird — schon von dem im Jahre 636 nach Christi Geburt verstorbenen Isidor von Sevilla —, oft mit Hinweis auf die im folgenden besprochene Stelle der Naturgeschichte des Plinius, mit hundertfältig tragend übersetzt. Darauf, daß beide Wörter nicht lateinisch sind, läßt auch der Umstand schließen, daß sie in dem lateinischen Originale[2]) des Edictums, in dem die

---

[1]) Siehe S. 36.

[2]) Eine griechische Übersetzung dieser Stelle ist, wie schon gesagt wurde, nicht erhalten.

übrigen Getreidenamen im Genetiv des Singulars stehen,[1]) im Nominativ des Singulars aufgeführt sind. Der Beamte, der das lateinische Original des Edictums ausarbeitete, wußte offenbar nicht, wie er die beiden Wörter deklinieren sollte. Hieraus darf man wohl weiter schließen, daß der Roggen damals in Mittel- und Süditalien, in Hellas, im Griechischen Orient und in Ägypten — nur für die drei zuletzt genannten Gebiete scheint, wie schon gesagt wurde, das Edikt Geltung gehabt zu haben — nicht oder nur wenig angebaut wurde und wohl auch im Getreideimport dieser Länder keine erhebliche Rolle spielte. Für diese Annahme spricht auch die Tatsache, daß der Roggen vor dem Jahre 301 nach Christi Geburt nur zweimal in der lateinischen und griechischen Literatur erwähnt wird: von Plinius im ersten Jahrhundert nach Christi Geburt und von Galenos im zweiten Jahrhundert nach Christi Geburt; von jenem als Kulturpflanze Oberitaliens, von diesem als Kulturpflanze Thrakiens und Makedoniens.

Plinius sagt im 18. Buche seiner Naturgeschichte: „Secale nennen die am Südfuße der Alpen [in der Gegend des heutigen Turin] wohnenden Tauriner asia; es ist sehr schlecht und dient nur zum Hungerstillen; es hat eine zwar dünne, aber körnerreiche Ähre; es ist widerlich wegen seiner dunklen Farbe, hat aber ein vorzügliches Gewicht. Es wird ihm far [Emmer] zugesetzt, um seinen herben Geschmack zu mildern, aber auch so ist es für den Magen sehr unangenehm. Es trägt auf jedem Boden hundertfältig und düngt sich selbst.“ Man hat die hier beschriebene Pflanze, die nur ein Grasgetreide sein kann,[2]) verschieden gedeutet: als Roggen oder als schwarzen Emmer. Für den Roggen spricht vor allem der Name secale. Und da nichts direkt gegen den Roggen und mehr für ein anderes Grasgetreide spricht, so dürfte diese Deutung auch richtig sein.

---

[1]) Vergl. S. 36.

[2]) Es ist ganz unmöglich, mit Kerner von Marilaun an den Buchweizen zu denken. Dieser war damals im Abendlande noch gar nicht bekannt.

Die Handschriften der Naturgeschichte des Plinius scheinen sämtlich secale zu haben. Trotzdem bin ich überzeugt, daß der in der römischen Schrift- und Verwaltungssprache gebräuchliche Roggenname damals ebenso wie später zur Zeit des Kaisers Diocletian sicale lautete, und daß die Schreibung secale auf einem Versehen des Plinius oder seiner Sekretäre beruht. Da in Mittel- und Süditalien keine ausgedehnten Wiesen vorhanden waren, so mußte man hier zur Gewinnung von Grünfutter und Heu sowie zur Weide Futterpflanzen auf Äckern anbauen. In älterer Zeit scheint man die Futteräcker meist mit bei der Reinigung des gedroschenen Emmers ausgeschiedenen schlechten Emmervesen und Unkrautsamen, denen manchmal absichtlich noch Wickensamen zugesetzt wurden — sehr dicht — besät zu haben. Weil in diesem Futter meist far, d. h. Emmer, vorherrschte, nannte man es farrago. Dieses Wort behielt seine Bedeutung Futter, speziell Futtergetreide zur Grünmahd und Weide, auch, als man später, vielleicht schon zu Varros Zeit im ersten Jahrhundert vor Christi Geburt, sicher aber zu Columellas Zeit im ersten Jahrhundert nach Christi Geburt, an Stelle von far fast nur mehrzeilige Gerste, hordeum hexastichum sive [oder] cantherinum, nahm und auch meist keine Wicken oder andere Kräuter dazwischen gesät zu haben scheint, als farrago somit meist reine Gerste war.[1]) Bei Columella bedeutet farrago geradezu Futtergerste zur Grünmahd und Weide. Farrago wurde nach Plinius' Angabe im ersten Jahrhundert nach Christi Geburt aber auch secale genannt. Dieses Wort, das in der lateinischen Literatur nur bei Plinius vorzukommen scheint, muß ohne Zweifel von secáre = schneiden abgeleitet und secále gesprochen werden. Es sollte wohl ausdrücken, daß das Futter grün, nicht wie das zur Gewinnung reifer Früchte bestimmte Getreide gelb

---

[1]) Schon zu Varros Zeit gab es verschiedene andere Futterpflanzen; zu Columellas Zeit galt die Luzerne (herba medica oder einfach medica) für die wertvollste von diesen.

und trocken, abgeschnitten wurde. Das Wort secále und seine Bedeutung: minderwertiges — für den menschlichen Genuß kaum geeignetes — Getreide[1]) zur Grünmahd und Weide kannten Plinius und seine Sekretäre, und es ist sehr wahrscheinlich, daß sie das ihnen wohl nur aus schriftlichen Aufzeichnungen als Name eines nach ihren Begriffen sehr schlechten Getreides bekannte Wort sicale für identisch mit jenem Worte hielten und deshalb auch secale schrieben und secále aussprachen. Daß sie beide Wörter für identisch hielten, geht auch daraus hervor, daß sie die Aussage über das von den Taurinern asia genannte secale unmittelbar hinter die Aussage über secale = farrago und unmittelbar vor eine Aussage über die Zusammensetzung und den Anbau der farrago setzten. Hätten sie beide Wörter nicht für identisch gehalten, so ließe sich auch gar nicht verstehen, wie sie sagen konnten, secale würde von den Taurinern asia genannt, denn in diesem Falle wäre ja von diesem secale noch gar nicht die Rede gewesen.

Hoops nimmt an, daß asia aus sasia verstümmelt sei durch ein Versehen des Abschreibers, der wegen des auslautenden s des sasia vorausgehenden Wortes alpibus das anlautende s von sasia vergessen habe. Er hält sasia für keltisch; nach seiner Meinung entspricht es den heutigen Gerstennamen gewisser keltischer Sprachen und hat es ursprünglich die Bedeutung von Getreide schlechthin, von „Korn“ gehabt.

Der andere der beiden vorhin genannten Schriftsteller aus der Zeit vor 301 nach Christi Geburt, die den Roggen kennen, Galenos, sagt im ersten Buche seines von mir schon mehrfach erwähnten Werkes über den Wert der Nahrungsmittel: „Ich habe in Thrakien und Makedonien auf vielen Äckern ein Getreide gesehen, das nicht nur in der Ähre, sondern im ganzen Aussehen unserem kleinasiatischen Einkorn sehr ähnlich ist. Wie man mir auf

---

[1]) Auch die Gerste galt den Römern in damaliger Zeit für minderwertig.

meine Frage mitteilte, nennt man dort sowohl die ganze Pflanze als auch ihre Frucht βρίζα [briza]. Aus ihrer Frucht wird ein übelriechendes schwarzes Brot gebacken.“ Auch bei Galenos bestimmt uns in erster Linie der Name[1]) des von ihm behandelten Getreides — βρίζα — dieses für Roggen zu halten. Diese Deutung, gegen die nichts spricht, erfreut sich heute allgemeinen Beifalls.

Auch in den auf das Edictum Diocletiani folgenden beiden letzten Jahrhunderten des Altertums hat der Roggen in den damaligen Hauptkulturländern offenbar keine größere Bedeutung gewonnen. Wir haben aus dieser Zeit, wie es scheint, nur eine literarische Erwähnung des Roggens. Sie findet sich in dem schon erwähnten, aus dem Anfang des fünften Jahrhunderts nach Christi Geburt stammenden Kommentar des Eusebius Hieronymus zum Propheten Ezechiel. Der Roggen wird hier sigala genannt. Aus sigala sind später die Roggennamen mancher romanischen Sprachen entstanden. So heißt der Roggen im Italienischen ségala, ségale, im Provenzalischen ségala, im Französischen seigle.

Auch nach dem Ausgange des Altertums, im Mittelalter und in der Neuzeit, hat sich der Roggenbau in Mittel- und Süditalien sowie in Griechenland sehr wenig ausgebreitet. In Süditalien wird der Roggen z. B. am Ätna an Stellen gebaut, wo Weizen nicht mehr fortkommt. In Griechenland ist er nur in wenigen Gegenden, vorzüglich im thessalischen Gebirgslande und in Ätolien, in Kultur, doch nur wegen seines langen Strohs; das Mehl gilt als gesundheitsschädlich. Etwas mehr wird der Roggen auf der Iberischen Halbinsel angebaut, im großen jedoch nur in den Pyrenäen und in den Gebirgen des Nordens. Im südlichen Teile der Halbinsel ist er nur in der subalpinen und am Südhange sogar in der alpinen Region (bis 2700 m) der Sierra Nevada und im gebirgigen Portugal in Kultur.

---

[1]) Vergl. S. 74.

Aus den schon erwähnten spanischen und portugiesischen Roggennamen läßt sich schließen, daß der Roggenbau bereits in der römischen Provinzialzeit in die Iberische Halbinsel eingeführt worden ist. Nachweisen läßt sich sein Anbau auf dieser Halbinsel, und zwar in Spanien, allerdings erst im sechsten Jahrhundert nach Christi Geburt. Wahrscheinlich verdankt er seine Einführung den römischen Behörden. In Oberitalien ist der Roggenbau dagegen vielleicht durch die Kelten eingeführt worden. Von den oberitalischen Kelten haben ihn dann vielleicht, wie schon gesagt wurde, ligurische Nachbarvölker und vielleicht auch die vorgermanischen Bewohner der pannonisch-illyrischen Länder erhalten. Bei diesen Bewohnern dürften die Roggennamen sicale und centenum entstanden sein. Daraus, daß diese Namen durchaus von den vorhin besprochenen untereinander verwandten Roggennamen der türkischen, finnischen baltisch-slavischen und germanischen Völker sowie der Thraker und Makedonen abweichen, darf man nicht mit Buschan und Pax schließen, daß der Roggen selbständig in mehreren Gegenden — außer in Turkestan auch im nördlichen Teile der Balkanhalbinsel — gezüchtet worden sei. Für eine solche Annahme liegt kein Grund vor. Der Roggen macht vielmehr durchaus den Eindruck einer einheitlichen, von einer einzigen Stammart abstammenden Kulturformengruppe. Auch andere Kulturpflanzen, an deren einheitlicher Entstehung gar nicht gezweifelt werden kann, haben bei verschiedenen Völkern völlig voneinander abweichende Namen. In Thrakien und Makedonien ist der Roggenbau wohl durch von Norden her eingewanderte Karpodaker, die späteren Thraker und Makedonen, eingeführt worden. Auch nach der Eroberung durch die Römer wurde offenbar viel Roggen in den pannonisch-illyrischen Ländern angebaut und, ebenso wie anderes Getreide, darunter Spelzweizen, aus ihnen exportiert. Hierdurch gelangten die alten Roggennamen, die sich erhalten hatten, in die römische Verwaltungs- und Schriftsprache, und mit dieser kamen sie in die verschiedensten Gegenden des römischen Reiches.

Wie vorhin dargelegt wurde, wurde der Roggen in Deutschland — in der Provinz Schlesien — nachweislich bereits in der prähistorischen Eisenzeit angebaut, allerdings nicht von Germanen. Der Roggenbau dürfte sich aber bei den Germanen Deutschlands noch vor Christi Geburt ausgebreitet haben. Schon im Anfang des Mittelalters war der Roggen, abgesehen von einzelnen Strichen, so dem Wohngebiete der Alemannen, wahrscheinlich das Hauptbrotkorn des germanischen Deutschlands. Für diese Annahme spricht z. B., daß im siebenten Jahrhundert nach Christi Geburt bei den Angelsachsen in England der Monat August Rugern — „Roggenernte" — hieß. Die Angelsachsen haben diesen Namen offenbar vom Festlande her mitgebracht; es dürfte also hier, wohl in ihren Stammsitzen auf der Cimbrischen Halbinsel, in den ersten Jahrhunderten unserer Zeitrechnung der Roggen — neben der Gerste — ihr wichtigstes Getreide gewesen sein. Daß sie ihn in ihrer deutschen Heimat angebaut haben, dafür spricht auch der angelsächsische Roggenname ryge, der nach Ausweis des Lautstandes altes Erbgut ist.

Auch in dem an die Heimat der Angelsachsen angrenzenden Dänemark und in Südschweden wurde der Roggen wahrscheinlich schon in den ersten Jahrhunderten nach Christi Geburt viel angebaut. In Norwegen scheint er im Mittelalter eine wichtige Rolle als Brotkorn gespielt zu haben, denn er wird in der einheimischen Literatur ziemlich häufig erwähnt. Noch bedeutender scheint damals aber der Roggenbau in Schweden gewesen zu sein. In beiden Ländern ist der Roggen bis heute eins der wichtigsten Getreide geblieben. In Dänemark ist er gegenwärtig das Hauptbrotkorn.

Interessant ist die Wandlung, die der lateinische Roggenname in Deutschland seit dem Altertume durchgemacht hat. Ursprünglich — in der römischen Provinzialzeit — wurde hier der Roggen lateinisch wohl sicale genannt; im Ausgange des Altertums führte er wahrscheinlich die hieraus entstandenen Namen sigala, sigale, sigalo. Später wurden diese aber durch das ähnlich klingende Wort siligo, das, wie ich dargelegt habe, in Italien im Altertume zur Bezeichnung von Nacktweizen mit sehr weißem Mehl gedient hatte, mehr und mehr verdrängt. Etwa zur Zeit Karls des Großen scheint dieses Wort in Deutschland die allein gebräuchliche lateinische Bezeichnung für Roggen geworden zu sein.

Damals war wohl auch im französischen Teile des Reiches Karls des Großen der Roggen eine sehr wichtige Kultur- und Nährpflanze. In späterer Zeit ist aber sein Anbau in Frankreich sehr zurückgegangen, in weiten Strichen ganz aufgegeben worden.

Ebenso hat der Anbau des Roggens in England, wo er offenbar noch im siebenten Jahrhundert nach Christi Geburt recht erheblich war, bedeutend abgenommen. Heute wird auf den Britischen Inseln nur recht wenig Roggen angebaut.

Dagegen ist der Roggen in Deutschland, außer in einigen Strichen Süddeutschlands, das Hauptbrotkorn geblieben. Auch in den Niederlanden, in Belgien, in der Schweiz, in den österreichischen Alpenländern, in Ungarn (mit Kroatien und Slavonien) und Siebenbürgen, sowie in den im Süden angrenzenden Balkanländern wird gegenwärtig viel Roggen angebaut.

Schon früh dürfte der Roggen das wichtigste Getreide der Slaven geworden sein; er ist auch bis heute ihr Hauptbrotkorn geblieben. In den frühmittelalterlichen slavischen Niederlassungen auf deutschem Boden bis Holstein nach Westen hin ist viel Roggen gefunden worden.

In Asien scheint der Roggen als Kulturpflanze nur in Sibirien eine größere Bedeutung zu haben. In seinem mutmaßlichen Heimatlande Turkestan ist, wie dargelegt wurde, der Roggen nur noch wenig in landwirtschaftlicher Kultur, aber in umfangreichem Maße verwildert. Außerdem wird in Asien Roggen in Japan, Korea, Armenien und Kleinasien, doch wie es scheint nirgends viel, angebaut.

Offenbar ist der Roggen früher eine Zeitlang in Südafrika — im Roggeveld des Kaplandes — angebaut worden. doch ist sein Anbau hier längst aufgegeben worden. In Nordafrika ist der Anbau des Roggens bis jetzt ganz unbedeutend geblieben.

Auch in Nord- und Südamerika sowie in Australien ist der Roggenbau eingeführt worden. In Australien und Südamerika hat er aber keine Bedeutung erlangt.[1])

---

[1]) Neuerdings ist auch die Erzeugung des Weizen-Roggenbastardes gelungen.

Literatur.

Ascherson und Graebner, Synopsis der mitteleuropäischen Flora, Bd. 2, Abt. 1 (Leipzig 1898—1902), S. 715—718.

Batalin, Das Perennieren des Roggens, Acta Horti Petropolitani, Bd. 11, Nr. 6 (1890), S. 299—303, und Verhandlungen des botanischen Vereins der Provinz Brandenburg, Jahrgang 32, 1890 (1891), S. XXIX—XXXII.

Buschan, Vorgeschichtliche Botanik der Kultur- und Nutzpflanzen der alten Welt auf Grund prähistorischer Funde (Breslau 1895), S. 50—56.

Fruwirth, Die Züchtung der landwirtschaftlichen Kulturpflanzen, Bd. 4, 2. Aufl. (Berlin 1910), S. 187—239 und 183—186.

Hillmann, Die deutsche landwirtschaftliche Pflanzenzucht, Arbeiten der Deutschen Landwirtschafts-Gesellschaft, Heft 168 (Berlin 1910).

Hoops, Waldbäume und Kulturpflanzen im germanischen Altertum (Straßburg 1905), S. 275 u. f., vorz. S. 443 u. f.

Koernicke, Die Arten und Varietäten des Getreides (Berlin 1885), S. 115—128.

Pax, Fund prähistorischer Pflanzen aus Schlesien, 80. Jahresbericht der Schlesischen Gesellschaft für vaterländische Kultur, 1902 (1903), Sitzungsber. d. zoologisch-botanischen Sektion S. 1—4.

Schulz, Die Geschichte des Roggens, 39. Jahresbericht des Westfälischen Provinzial-Vereins für Wissenschaft und Kunst [zu Münster] für 1910—1911 (1911), S. 153—163; Ders., Beiträge zur Kenntnis der kultivierten Getreide und ihrer Geschichte, I. Die Abstammung des Roggens, Zeitschrift für Naturwissenschaften, Bd. 84, 1912—1913 (1913), S. 339 bis 347.

Wittmack, Über die Stammpflanze des gemeinen Roggens, *Secale cereale*, Verhandlungen des botanischen Vereins der Provinz Brandenburg, Jahrgang 32, 1890 (1891), S. XXXII bis XXXIV.

3. Die Saatgerste.

I.

Die zahlreichen als Getreide kultivierten Gerstenformen und die aus solchen Formen in der Kultur entstandenen, aber nicht als Getreide kultivierten Formen werden gewöhnlich nach Fr. Koernickes Vorgange in vier Gruppen zusammengefaßt, die wissenschaftlich *Hordeum hexastichum* Linné, *H. vulgare* Linné oder *tetrastichum* Koernicke, *H. intermedium* Koernicke und *H. distichum* Linné, in der deutschen Schriftsprache sechszeilige Gerste, vierzeilige Gerste, Mittelgerste und zweizeilige Gerste genannt werden. Diese vier Gruppen werden von vielen als Unterarten einer meist *Hordeum sativum* Jessen „Saatgerste" genannten Art betrachtet. Der Name Saatgerste empfiehlt sich zur Bezeichnung der Gesamtheit der Formen der vier Gruppen.

Die vier Gruppen unterscheiden sich durch die Ausbildung ihrer Blüten sowie ihres Blüten- und Fruchtstandes.

Der Blüten- und Fruchtstand der Saatgerste ist wie der des Weizens und des Roggens eine — im folgenden kurz Ähre genannte — zusammengesetzte Ähre. Die Ährenachse trägt in zwei einander gegenüberstehenden, in eine Ebene fallenden Zeilen abwechselnd stehende Ährchendrillinge, von denen die obersten verkümmert und winzig sind. Jeder normale Ährchendrilling besteht aus drei[1]) einblütigen Ährchen, einem Mittelährchen und zwei Seitenährchen, die ungestielt[2]) nebeneinander dem Grunde

---

[1]) Nur in Ausnahmefällen sind mehr als drei Ährchen vorhanden.

[2]) Bei den zweizeiligen Gersten sind die Seitenährchen scheinbar gestielt, da die Hüllspelzen unten mit der Ährchenachse verwachsen sind.

einer Ausbuchtung der von den Ansatzstellen der Ahrchendrillinge her stark zusammengedrückten Ahrenachse entspringen.

Bei *Hordeum hexastichum*[1]) und *H. vulgare* sind normal die Blüten aller drei Ährchen sämtlicher Drillinge der Ähre zweigeschlechtig und fruchtbar. Bei *H. intermedium* sind nur die Blüten der Mittelährchen sämtlicher Drillinge der Ähre bei allen normalen Individuen zweigeschlechtig und fruchtbar, die der Seitenährchen der Drillinge der Ähre bei einem Teile der Individuen oder bei allen Individuen der einzelnen Formen nur teilweise zweigeschlechtig und fruchtbar, teilweise nur männlich oder noch weiter verkümmert. Und bei *H. distichum* sind normal die Blüten der Mittelährchen sämtlicher Drillinge der Ähre zweigeschlechtig und fruchtbar, die der Seitenährchen sämtlicher Drillinge der Ähre dagegen nur männlich oder noch weiter verkümmert. Infolge hiervon trägt die reife Ähre von *H. distichum* nur zwei, einander gegenüberstehende Körnerzeilen,[2]) während die reife Ähre der drei anderen Formengruppen, die man gewöhnlich unter dem Namen *Hordeum polystichum* Döll, vielzeilige Gerste, zusammenfaßt, sechs mehr oder weniger deutlich voneinander geschiedene Körnerzeilen trägt. Von diesen bestehen, namentlich bei *H. intermedium*, die beiden Mittelzeilen aus größeren und schwereren Körnern als die Seitenzeilen.

Bei fast allen Formen von *Hordeum hexastichum* und *H. vulgare* sind die Deckspelzen aller drei Ährchen des Drillings begrannt oder mit einem kapuzenförmigen Fortsatze versehen; bei *H. intermedium* dagegen ist nur die Deckspelze des Mittelährchens des Drillings begrannt oder

---

[1]) Ohne Zusatz sind bis S. 94 die Bezeichnungen *H. hexastichum*, *H. vulgare*, *H. intermedium* und *H. distichum* stets in Koernickes Sinne gebraucht.

[2]) Die von der Deckspelze (ohne Granne oder kapuzenförmigen Fortsatz) und der Vorspelze umschlossene Frucht wird als Korn bezeichnet.

mit einem kapuzenförmigen Fortsatze versehen, die Deckspelzen der Seitenährchen des Drillings — auch der fruchtbaren — sind zugespitzt oder spitzlich oder sogar stumpf. Auch bei *H. distichum* ist nur die Deckspelze des Mittelährchens des Drillings begrannt oder mit einem kapuzenförmigen Fortsatze vesehen, die — oft sehr winzigen — Deckspelzen der Seitenährchen des Drillings sind unbegrannt und stumpf.

H. hexastichum und *H. vulgare* unterscheiden sich nur durch die Länge und die Richtung der Glieder der reifen Ährenachse und die hierdurch bedingte Stellung der Drillinge, und ihrer Ährchen. Bei *H. vulgare* sind diese Glieder so lang, daß die Drillinge ziemlich locker stehen, und so gerichtet, daß die Ansatzstellen sämtlicher Drillinge der Ähre annähernd oder ganz übereinander liegen. Bei *H. hexastichum* sind die Achsenglieder so kurz, daß die Drillinge sehr gedrängt stehen und mehr als bei *H. vulgare* nach außen geneigt sind, und so gerichtet, daß nur die Ansatzstellen der Drillinge derselben Ährenseite übereinander liegen. Infolge hiervon stehen die Ährchen der benachbarten Seitenährchenreihen der Ähre im reifen Zustande bei *H. hexastichum* in zwei sich meist recht deutlich voneinander abhebenden, einen stumpfen Winkel bildenden Zeilen, bei *H. vulgare* dagegen mit ihren unteren Teilen so übereinander, daß sie zwei nicht scharf voneinander geschiedene Zeilen bilden. Es werden gewöhnlich diese beiden undeutlichen Zeilen als e i n e Zeile betrachtet und deshalb *H. vulgare* v i e r Körnerzeilen zugeschrieben.

Es wird gegenwärtig wohl allgemein angenommen, daß die Formen der vier Formengruppen der Saatgerste, von denen keine in ursprünglich wildem Zustande gefunden worden ist, nicht spontan, sondern in der Kultur entstanden sind. Bis vor wenigen Jahren galt *Hordeum spontaneum* K. Koch (= *H. ithaburense* Boissier), das in vielen Strichen Vorderasiens — von Kleinasien (wo es nach Westen bis zur Troas geht), Transkaukasien und Turkmenien bis Beludschistan, Südpersien, Syrien und zum Steinigen Arabien —

sowie in Nordostafrika — in der Marmarica und Cyrenaica — einheimisch ist, für die alleinige Stammart aller vier Formengruppen. *H. spontaneum* steht dem eigentlichen[1]) *H. distichum*, vorzüglich dessen Formenkreise *nutans*, recht nahe. Es unterscheidet sich von diesem hauptsächlich dadurch, daß die Achse seiner reifen Ahre[2]) stets von selbst in ihre einzelnen Glieder zerfällt, von denen jedes, scheinbar an seiner Spitze, einen Ährchendrilling trägt, während die reife Ahrenachse der meisten Formen von *Hordeum distichum*[3]) und die der Formen der drei anderen Formengruppen so zäh ist, daß sie nur mit größerer Gewalt in einzelne — unregelmäßige — Stücke zerlegt werden kann. Koernicke stellte sich ursprünglich die Abstammung von *Hordeum distichum* und der drei anderen Formengruppen der Saatgerste folgendermaßen vor: „Bei *Hordeum spontaneum* C. Koch wurde bei der Kultur die Spindel zäh und verlor ihre Eigenschaft auseinander zu fallen. Die Ähren verlängerten und die Früchte vergrößerten sich und die Grannen wurden dünner. Es entstand die var. *nutans* Schübl. Aus dieser entstand die var. *erectum* Schübl., indem die Spindelglieder sich verkürzten und infolgedessen die Scheinfrüchte mehr von der Spindel abgedrängt wurden. Aus dieser bildete sich die var. *zeocrithum* L. heraus durch noch stärkere Verkürzung der Spindelglieder, Vergrößerung der Früchte nach der Basis zu und Spreizen derselben mit ihren Grannen. Die Ähre wurde dadurch unten breiter als an der Spitze. Als nun auch die Seitenährchen fruchtbar wurden und gleichzeitig durch Bildung der Grannen den Mittelährchen sich völlig anpaßten, so entstand aus var. *nutans* Schübl. die vierzeilige Gerste var. *pallidum* Sér. (oder vielleicht *coerulescens* Sér.), aus der var. *erectum* Schübl. die parallele sechszeilige Gerste var. *parallelum* Kcke.,

---

[1]) Vergl. hierzu S. 94.

[2]) Auch die Achse der längst noch nicht reifen Ähre zerfällt getrocknet in ihre einzelnen Glieder.

[3]) Bei einigen Formen von *H. distichum* zerbricht die reife Ährenachse jedoch schon auf ziemlich leichten Druck in ihre einzelnen Glieder.

aus der var. *zeocrithum* L. die pyramidale sechszeilige Gerste var. *pyramidatum* Kcke. Bei einer anderen Entwicklungsweise der var. *nutans* Schübl. wurden die Seitenährchen fruchtbar, aber ohne Grannenbildung; es entstand die var. *Haxtoni* Kcke. Bei anderen trat zugleich eine Farbenänderung ein, es bildeten sich die braunen und schwarzen Gersten . . . Die meisten übrigen Varietäten beruhen auf Bildungsabweichungen, welche konstant wurden.“ Kurz vor seinem Tode — in seiner erst nach seinem Tode, im zweiten Bande des Archivs für Biontologie (1908), erschienenen Abhandlung über Die Entstehung und das Verhalten neuer Getreidevarietäten — hat Koernicke jedoch seine Annahme einer einheitlichen Abstammung aller vier Formengruppen der Saatgerste von *H. spontaneum* oder wenigstens von dem typischen *H. spontaneum*, das er früher allein kannte, aufgegeben. Er hatte nämlich 1895 von J. Bornmüller die reifen, zerfallenen Ähren einer wilden Gerste erhalten, die dieser erfolgreiche Erforscher der Flora des Orientes bei Riwandus in Kurdistan in der Nähe der persischen Grenze — zwei bis drei Tagereisen östlich von Erbil — gesammelt hatte. Sie wichen von den Ähren des typischen *Hordeum spontaneum* nicht nur durch feinere Mittelährchengrannen, sondern auch dadurch ab, daß bei ihnen die Deckspelzen der Seitenährchen nicht wie bei diesem — und den normalen Formen von *H. distichum* — stumpf, sondern spitz, zugespitzt oder sehr kurz und fein begrannt waren. Da unter den Hybriden zwischen *Hordeum distichum nutans* und *H. vulgare pallidum* stets außer der Stammform Übergänge auftreten, welche, von *H. distichum* beginnend, zuerst spitze, ferner zugespitzte, weiterhin kurz, dann länger begrannte Spelzen der Seitenährchen zeigen, während bei noch weiterer Annäherung an *H. vulgare pallidum* in einzelnen, dann in zahlreichen Blüten Früchte auftreten, so hält Koernicke jene wilde kurdistanische Gerste, die er — und zwar mit Recht — mit einer schon früher am Port-Juvenale bei Montpellier eingeschleppt gefundenen, wahrscheinlich aus den Euphrat-Tigrisländern stammenden, von Cosson *Hordeum Ithaburense* Boiss. var. *ischnatherum* genannten Gerste identifiziert, für die Stammform von *Hordeum vulgare*, und damit wohl auch von *H. hexastichum*, das er jetzt offenbar für einen Abkömmling von *H. vulgare* ansieht.

Ich halte es für recht wahrscheinlich, daß das eigentliche *Hordeum distichum* von einer anderen spontanen Art abstammt als das eigentliche *H. polystichum*.[1]) Hierfür sprechen nicht nur die bedeutenden morphologischen Unterschiede zwischen beiden, sondern auch der Umstand, daß in den älteren Zeiten des altweltlichen Ackerbaus vorzüglich dieses angebaut worden ist, nicht, wie man erwarten sollte, wenn *H. spontaneum* die alleinige Stammart wäre und das eigentliche *H. polystichum* von dem eigentlichen *H. distichum* abstammte, vorzüglich das letztere. Und ich halte es für sehr wohl möglich, daß *H. ischnatherum*, das im Euphrat-Tigrisgebiete weiter verbreitet zu sein scheint,[2]) die Stammform des eigentlichen *H. polystichum* ist, wenn ich auch Koernickes Schluß natürlich nicht beistimmen kann. Denn *H. ischnatherum* zeigt deutlich einen Fortschritt von *H. spontaneum* zu den vielzeiligen Saatgersten. Bei der Form von ihm aus dem Euphrat-Tigrisgebiete, deren Individuen größere Ähren und an den Mittelährchen längere und stärkere Deckspelzengrannen als ein Teil der Individuen von *H. spontaneum* haben, trägt ein Teil der Seitenährchen stumpfe Deckspelzen wie *H. spontaneum*, an den übrigen Seitenährchen sind die Deckspelzen spitz, zugespitzt oder sogar — bis 2 cm lang — begrannt; in demselben Ährchendrillinge können stumpfe und begrannte Deckspelzen vorkommen. Etwas unbedeutender ist der Fortschritt bei einer zu *H. ischnatherum* gehörenden Form aus dem Wadi Derna der Cyrenaica, bei der die Deckspelzen der Seitenährchen spitz sind. Ohne Zweifel kommen auch anderwärts

---

[1]) Vergl. S. 94.

[2]) Bornmüller hat es später auch am Dschebel-Hamrim, zwischen Bagdad und Erbil, zusammen mit *H. spontaneum* gefunden.

im Wohngebiete von *Hordeum spontaneum* solche Formen vor, die offenbar unabhängig voneinander aus dem typischen *Hordeum spontaneum* mit stumpfen Deckspelzen in den Seitenährchem entstanden sind. Sie müssen zu einer — polyphyletisch entstandenen — Art vereinigt werden, die *Hordeum ischnatherum* genannt werden muß. Der Umstand, daß diese Art polyphyletisch entstanden ist, läßt es denkbar erscheinen, daß auch die eigentlichen vielzeiligen Saatgersten einen mehrfachen Ursprung haben. Für viel weniger wahrscheinlich halte ich es, daß diese direkt aus dem typischen *Hordeum spontaneum*, oder daß sie sogar erst aus dem eigentlichen *H. distichum* entstanden sind. Dieses stammt von *Hordeum spontaneum* ab.

Die Formen von *Hordeum intermedium* sind aus Hybriden zwischen Formen des eigentlichen *H. distichum* und Formen des eigentlichen *H. polystichum* hervorgegangen. Koernicke selbst hat das später zugegeben. Schon 1848 hat A. Braun eine Form von *H. intermedium*, deren Früchte W. Schimper in Abessinien gesammelt hatte, im Freiburger Botanischen Garten kultiviert. Eine weitere Form hat ein englischer Landwirt, John Haxton, 1869 beschrieben. Später sind noch verschiedene andere Formen bekannt geworden.

Koernicke hat aber nicht nur eine Formengruppe aufgestellt, die ausschließlich aus Abkömmlingen von Hybriden zwischen Formen des eigentlichen *H. distichum* und Formen des eigentlichen *H. polystichum* besteht, sondern er rechnet auch sowohl zu seinem *H. distichum*, wie zu seinem *H. polystichum* (ohne *H. intermedium*) Abkömmlinge solcher Hybriden. In seiner Einteilung der Saatgerste kommt somit das Verwandtschaftsverhältnis ihrer Formen nicht zum Ausdruck. Dieses kommt aber auch in den späteren Einteilungen der Saatgerste von Voss und Atterberg[1]) nicht zum Ausdruck.

---

[1]) Atterbergs Art der Benennung der Formen der Saatgerste, die wesentlich von der bei den spontan entstandenen Pflanzenformen üblichen abweicht, würde sich zur Bezeichnung jener Formen, die ja

Eine Einteilung, die dieses, soweit wie es überhaupt möglich ist, zum Ausdruck bringen soll, muß meines Erachtens die Saatgerste zunächst in zwei Formenreihen zerlegen. Zu der ersten Reihe gehören die Formen, von denen sich annehmen läßt, daß sie nur von einer der beiden spontanen Stammarten abstammen oder, da man hierüber ja noch nichts Sicheres aussagen kann, von denen sich annehmen läßt, daß sie entweder nur von einer zweizeiligen oder nur von einer sechszeiligen, d. h. drei fruchtbare Ährchen im Drilling tragenden, Urkulturform abstammen. Zu der zweiten Reihe gehören die Formen, die sicher oder wahrscheinlich von beiden Stammarten, oder, vorsichtiger ausgedrückt, von Hybriden zwischen zweizeiligen und sechszeiligen Kulturformen abstammen. Formen, deren Abstammung zweifelhaft ist, werden an die Formen von bekannter Abstammung angeschlossen, denen sie äußerlich am ähnlichsten sind. Auf diese Weise werden freilich vielfach Formen von sehr verschiedener Abstammung nebeneinander gestellt werden.[1] Es läßt sich das aber nicht vermeiden; die Aufstellung eines vollkommen natürlichen Systems der Saatgerstenformen ist unmöglich.

Die erste Reihe zerfällt in zwei Gruppen. Zu der ersten Gruppe gehören die Formen, von denen sich annehmen läßt, daß sie ausschließlich von *Hordeum spontaneum* oder, vorsichtiger ausgedrückt, von einer zweizeiligen Urkulturform abstammen. Zu der zweiten Gruppe gehören die Formen, von denen sich annehmen läßt, daß sie ausschließlich von *Hordeum ischnatherum* oder, vorsichtiger ausgedrückt, von einer sechszeiligen Urkulturform abstammen. Die erste Gruppe ist das eigentliche *Hordeum distichum*, die zweite Gruppe ist das eigentliche *H. polystichum*.

---

sämtlich in der Kultur entstanden sind, sehr empfehlen, wenn nicht schon für die wichtigeren jener Formen und die Kreise, in die sie sich zusammenfassen lassen, anders gebildete Namen vorhanden wären.

[1]) Koernicke hat mehrfach Formen von sehr verschiedener Abstammung in einer Form vereinigt.

Hordeum distichum[1]) kann man in zwei Untergruppen zerlegen. Bei den Formen der ersten Untergruppe ist die Blüte der Seitenährchen des Drillings entweder männlich — mit ein bis drei normalen Staubgefäßen — oder geschlechtslos. Die Deckspelzen der geschlechtslosen Blüten haben aber in der Regel die Gestalt und ganz oder annähernd die Größe der Deckspelzen der männlichen Blüten. Bei der zweiten Untergruppe ist die Blüte der Seitenährchen stets geschlechtslos, meist sogar ebenso wie ihre Vorspelze fast ganz oder ganz geschwunden. Die Deckspelzen dieser Blüten sind sehr klein. Man kann jene Untergruppe als *Hordeum distichum normale*, diese als *H. distichum deficiens* „Fehlgerste" bezeichnen. Es ist recht wohl möglich, daß sich *H. distichum deficiens* direkt aus *H. spontaneum* entwickelt hat, doch glaube ich nicht, daß es von einer von *H. spontaneum* verschiedenen, durch verkümmerte Seitenährchen ausgezeichneten spontanen Stammart abstammt. Ob sich *H. distichum normale* selbständig an mehreren Stellen aus der Stammart entwickelt hat, darüber läßt sich nichts sagen.

Hordeum distichum deficiens zerfällt in zwei Formenkreise. Bei dem ersten Kreise, zu dem die Formen *deficiens* Steudel (Ähren blaßgelb oder graugelb), *Seringei* Kcke. (Ähren braun) und *Steudelii* Kcke. (Ähren schwarz) gehören, sind die Hüllspelzen[2]) der Seitenährchen geteilt. Bei dem zweiten Kreise, zu dem die Formen *abyssinicum* Ser. z. T., Kcke. (Ähren blaßgelb) und *macrolepis* A. Br. z. T., Kcke. (Ähren schwarz) gehören, sind sie ungeteilt und weit mit der Ährchenachse verwachsen; und außerdem sind die Hälften der Hüllspelzen der Mittelährchen erheblich größer

---

[1]) Von hier ab ist dieser Name ohne Zusatz immer in der vorgeschlagenen Bedeutung gebraucht.

[2]) Ich schließe mich der Ansicht von Koernicke über die Hüllspelzen der Saatgerste an. Nach dieser Ansicht stehen nicht wie beim Weizen und Roggen an der Basis jedes Ährchens zwei Hüllspelzen, sondern es ist nur eine von diesen, die untere, vorhanden. Diese ist aber meist bis zum Grunde in zwei selbständige Hälften zerspalten.

als bei dem ersten Kreise und breitlanzettlich. Die meisten der genannten Formen zerfallen in mehrere Unterformen. Als Getreide scheinen Formen dieser Untergruppe nur in Abessinien und Arabien angebaut zu werden. Von hier ist eine Anzahl in die europäischen botanischen Gärten eingeführt worden.

Hordeum distichum normale zerfällt in eine Anzahl Formenkreise.

Die für die Landwirtschaft wichtigsten von diesen sind die Kreise *nutans* Schübler und *erectum* Schübler. *Nutans* war bereits den deutschen Botanikern des sechzehnten Jahrhunderts bekannt; *erectum* läßt sich erst 1776 bei Haller nachweisen. Beide Kreise, die eine größere Anzahl Formen umfassen, unterscheiden sich schon durch das Aussehen ihrer Ähre, deren Ährchen bei *nutans* fast immer locker, bei *erectum* fast immer gedrängt stehen. In neuerer Zeit haben aber vorzüglich Atterberg und Broili darauf hingewiesen, daß daneben auch noch andere Unterschiede zwischen den beiden Kreisen bestehen, namentlich in der Beschaffenheit der Kornbasis und der Lodiculae, d. h. der beiden der Vorspelze gegenüber unterhalb der Blüte stehenden Schüppchen. Die Vorderseite der Kornbasis, d. h. der Basis der Deckspelze, trägt bei *nutans* stets eine schräge Fläche, während sie bei *erectum* fast immer anders gestaltet ist, meist eine tiefe Querkerbe (Nute) oder einen Längswulst trägt. Nach Broilis Untersuchungen haben bei *nutans* die Lodiculae einen großen Blatteil und kurze, dichtgestellte Haare, während sie bei *erectum* einen kleinen Blatteil und meist lange, fächerförmig gespreizte Haare haben. Nach Broilis Annahme bieten die Lodiculae das wichtigste Unterscheidungsmittel zwischen den beiden Formenkreisen dar; nach ihnen lassen sich die wenigen Formen richtig bestimmen, deren Zugehörigkeit sich nach der Gestalt der Ähren und der Ausbildung der Kornbasis nicht sicher beurteilen läßt.

Die Formen von *nutans* werden gewöhnlich in zwei Unterkreise zusammengefaßt, den der Landgersten und den der **Chevaliergersten**. Nach **Atterberg** ist in dem Mittelährchen des Drillings die sog. Basalborste — d. h. der in der Hinterfurche des Kornes liegende Fortsatz der Ährchenachse oberhalb der Blüte — bei den Chevaliergersten meist zottig behaart, bei den Landgersten meist lang behaart. Nach **Broili** bietet die Art der Behaarung der Lodiculae ein gutes Unterscheidungsmittel zwischen den beiden Unterkreisen. Die Chevaliergersten liefern die besten Braugersten.[1]) Ihr Korn ist sehr reich an Stärke; es keimt schnell und gleichmäßig. Die Formen von *erectum*[2]) — die neuerdings gewöhnlich **Imperialgersten** genannt werden — haben meist grobschalige Körner und eignen sich deshalb wenig zur Bierbrauerei, doch gibt es auch dünnschaligere Formen von *erectum*, die vorzügliche Braugersten liefern.

Äußerlich ist *Hordeum distichum normale nutans* ein Formenkreis ähnlich, der mehrere in Vorderasien gebaute, nahe miteinander verwandte Formen umfaßt, von denen *persicum* Kcke. (mit grau-, grauschwarz- oder graugrünbraunen, etwas blaubereiften Körnern und meist heller grauen oder graugelben Grannen) und *medicum* Kcke. (mit blaßgelben oder graugelben Ähren) die bekanntesten sind. Sie haben aufrechte, gerade, kurze und schmale Ähren, deren Ährchen sehr locker stehen[3]) und wenig geneigt sind. Die Kornbasis ist recht verschieden ausgebildet; es ist entweder eine mehr oder weniger vertiefte „schräge Fläche“ vorhanden, oder diese wird von einem Längswulst, oft bis zum fast völligen Verschwinden, durchsetzt, oder dieser Wulst springt von oben her gegen die Fläche so vor, daß sie zu einer schmalen Querfurche wird, oder die Basis ist

---

[1]) Nach **Atterberg** sind die Chevaliergersten des **Handels** meist keine ganz reinen Formen, sondern Gemische, in denen die Chevaliergersten vorherrschen.

[2]) Zu diesen gehört wohl auch das in Abessinien gebaute *H. distichum contractum* Kcke., dessen Ähren schwarz sind.

[3]) Die Ährenachse ist aber sehr wenig biegsam.

ganz glatt. Die Grannen sind meist nur nach der Spitze hin — in sehr verschieden hohem Maße — rauh.

Verwandt mit diesen Formen ist das in Abessinien angebaute *nigricans* Ser., das längere, nickende Ähren und schwarze oder schwarzgraue Körner hat. Das *nigricans* nahestehende *nigrescens* Kcke. ist wohl = *nigricans* $\times$ *nutans*.

Ein kleiner, vielleicht mit *erectum* verwandter Formenkreis zeichnet sich dadurch aus, daß seine Mittelährchen, die sehr dicht stehen und deren Grannen weit spreizen, nach der Ährenspitze hin kleiner werden. Die Ähre erhält hierdurch eine dreieckige Gestalt. Die Hälften der Hüllspelzen der Ährchen sind recht lang begrannt. Es gehören hierzu *zeocrithum* L., die Pfauengerste (mit blaßgelben Ähren) und *melanocrithum* Kcke. (mit schwarzen Ähren). Die Pfauengerste wird zuerst von Bock (1539) erwähnt.

Isoliert steht ein Kreis, dessen wenige Formen, die im Aussehen *H. distichum normale nutans* recht ähnlich sind, sich durch nackte[1]) Früchte vor den übrigen *H. distichum*-Formen, die beschalte Früchte haben, auszeichnen. Die bekannteste Form dieses Kreises ist *nudum* L. Ihre Existenz läßt sich erst im achtzehnten Jahrhundert nachweisen.

Zu diesen beiden Untergruppen von *Hordeum distichum* kommt vielleicht noch eine dritte Untergruppe. Es sind nämlich mehrere zweizeilige Formen bekannt, die aus Produkten der Kreuzung von *H. distichum normale*-Formen mit *H. distichum deficiens*-Formen entstanden sein dürften, so *H. distichum Braunii* Kcke. sowie *H. distichum dubium* Kcke. und *H. distichum nudidubium* Kcke.[2])

---

[1]) Bei den meisten Saatgerstenformen sind die Früchte beschalt, d. h. im reifen Zustande mit der Deckspelze und der Vorspelze fest verwachsen; nur bei wenigen Formen sind die Früchte nackt, d. h. in jenem Zustande nicht mit den Spelzen verwachsen. Nackte Früchte kommen nicht nur bei *H. distichum*, sondern auch bei *H. polystichum* vor. Bei den beiden Stammarten sind die Spelzen vielfach fast gar nicht oder gar nicht mit den Früchten verwachsen.

[2]) Die Hybriden zwischen den Kreisen der einzelnen Untergruppen von *H. distichum* und *H. polystichum* werden zu dem Kreise gestellt, dem der Vater sicher oder wahrscheinlich angehört.

Hordeum polystichum kann man in drei Untergruppen zerlegen. Die erste Untergruppe umfaßt Linnés und seiner Zeitgenossen *Hordeum hexastichum*. Sie wird aber, damit die Bezeichnung sechszeilig, die allen vielzeiligen Gersten zukommt, ganz als Gruppen- und Formenname verschwindet, wohl besser *H. polystichum pyramidatum* Kcke. (erweitert) genannt. Die dritte Untergruppe kann man als *Hordeum polystichum vulgare*[1]) bezeichnen, da sie die früher zu diesem gerechneten Formen mit Ausnahme der aus Hybriden zwischen eigentlichen vielzeiligen und eigentlichen zweizeiligen Formen hervorgegangenen Formen und eines Teiles der aus Hybriden zwischen eigentlichen vielzeiligen Formen hervorgegangenen Formen umfaßt.[2]) Die zweite Untergruppe steht zwischen *Hordeum polystichum pyramidatum* und *H. polystichum vulgare*. Sie gleicht diesem in der Ausbildung der Kornbasis, die bei *H. polystichum vulgare* vorn keine Querfurche, sondern eine mehr oder weniger muldig vertiefte „schräge Fläche“, bei *H. polystichum pyramidatum* dagegen eine scharfe und tiefe Querfurche hat, jenem in der Ausbildung der Körnerzeilen. Sie wurde wegen letzterer Eigenschaft von Koernicke und anderen mit *H. polystichum pyramidatum* unter dem Namen *H. hexastichum* vereinigt, bis Atterberg auf die verschiedene Ausbildung der Kornbasis beider Untergruppen hinwies. Voss, bei dem sie eine „Varietät“ von *H. polystichum* bildet, hat sie nach *H. hexastichum parallelum* Kcke., dem wichtigsten der zu ihr gehörenden Formenkreise, *H. hexastichum parallelum* Kcke. (erweitert) genannt.[3]) Ich halte diese Bezeichnung für sehr passend.

---

[1]) Linnés *Hordeum vulgare* umfaßt die Formenkreise *pallidum* und *coeleste*.

[2]) Voss hielt es für wünschenswert, den Namen *H. vulgare* fallen zu lassen. Er schlug dafür, wegen der oben geschilderten Stellung der Körner, den Namen *H. inaequale*, ungleichzeilige Gerste, vor.

[3]) Atterberg nennt *H. pyramidatum*: *H. hexastichum verum*, *H. parallelum*: *H. hexastichum spurium*.

Wie ich vorhin angedeutet habe, ist es denkbar, daß die eigentlichen vielzeiligen Gersten keinen einheitlichen Ursprung haben, sondern an mehreren Stellen aus ein wenig voneinander abweichenden Formen von *Hordeum ischnatherum* — vielleicht unter voneinander abweichenden Verhältnissen — in der Kultur entstanden sind. Vielleicht hatte von den ursprünglichen vielzeiligen Kulturgerstenformen mindestens eine die wesentlichen Eigenschaften von *H. polystichum vulgare*, mindestens eine andere die wesentlichen Eigenschaften von *H. polystichum pyramidatum*. *H. polystichum parallelum* ist dagegen vielleicht aus *H. polystichum vulgare* durch Verkürzung der Glieder der Ährenachse hervorgegangen.

Zu *Hordeum polystichum pyramidatum* gehört wohl nur ein — formenarmer — Kreis. Zu *H. polystichum parallelum* gehören zwei Formenkreise: *parallelum* Kcke. und *brachyatherum* Kcke. Ersterer, der weit verbreitet ist, zerfällt in eine Anzahl Formen.[1]) Einige von diesen werden im Mittelmeergebiete, meist im Gemisch mit *H. polystichum vulgare pallidum* und *coerulescens*, viel angebaut.

Zu *Hordeum polystichum vulgare* gehören Formen mit normal begrannter Deckspelze und Formen, bei denen die Deckspelze an Stelle der Granne einen aus einem kapuzenförmigen, bei einigen Formen — *tortile* Robert und *cucullatum* Kcke. — in eine Granne auslaufenden Mittelstücke und zwei basalen seitlichen Anhängen bestehenden Fortsatz trägt. Selten ist auch die Vorspelze so ausgebildet. Die erste kapuzentragende Form von *H. polystichum vulgare*[2]) hat von Schlechtendal unter dem Namen *H. coeleste trifurcatum*

[1]) Es ist zweifelhaft, ob die offenbar nur in Abessinien landwirtschaftlich angebauten, von Koernicke als Varietäten seines *H. hexastichum* betrachteten Formen: *Schimperianum* Kcke., *gracilius* Kcke., *eurylepis* Kcke. und *revelatum* Kcke. zu *H. polystichum parallelum* oder zu *H. polystichum pyramidatum* gehören.

[2]) Es scheinen ursprünglich nur bei *H. polystichum vulgare* solche Formen vorgekommen zu sein und die zu Koernickes *H. hexastichum* und *H. distichum* gehörenden Formen erst in neuerer Zeit gezüchtet

H. Monsp. beschrieben. Den Bau des Fortsatzes dieser Form hat bald darauf Irmisch eingehend behandelt. Irmisch nannte die Form *H. hymalayense trifurcatum* H. Monsp. Heute heißt sie meist *H. vulgare trifurcatum* Wenderoth. Später sind dann noch einige andere kapuzentragende Formen dieser Untergruppe beschrieben worden: *cornutum* Schrader, bei dem nur die Deckspelze des Mittelährchens des Drillings eine Kapuze trägt, sowie *tortile* Robert und *cucullatum* Kcke., bei denen wie bei *trifurcatum* Wenderoth auch die Deckspelzen der Seitenährchen des Drillings Kapuzen tragen. Diese vier Formen sind wohl nicht näher miteinander verwandt. *Tortile* scheint nur aus botanischen Gärten bekannt zu sein; *cucullatum* stammt aus Abessinien, *cornutum* stammt angeblich aus Südafrika; *trifurcatum* ist in Vorderindien in landwirtschaftlicher Kultur. Bei *tortile* und *cucullatum* sind die Früchte beschalt, bei *trifurcatum* und *cornutum* sind sie dagegen nackt.

Nackte Früchte haben auch mehrere Formen dieser Untergruppe mit normalen Deckspelzen: *coeleste* L., *Walpersii* Kcke., *himalayense* Rittig, Kcke. und *violaceum* Kcke., die wohl so nahe miteinander verwandt sind, daß sie zu einem Kreise vereinigt werden können. Jede zerfällt in eine Reihe Unterformen. Von ihnen ist *coeleste*, die sog. Himmelsgerste, am längsten bekannt und am meisten — früher bedeutend mehr als heute — in landwirtschaftlicher Kultur. Koernicke hält es für möglich, daß schon Claudios Galenos — im zweiten Jahrhundert nach Christi Geburt — die Himmelsgerste gekannt habe. Dieser erwähnt im ersten Buche seines Werkes über den Wert der Nahrungsmittel ein in Kappadocien unter dem Namen *γυμνόκριθον* [gymnokrithon] „Nacktgerste" angebautes Getreide. Ich bezweifle es aber, daß Galenos' gymnokrithon eine nackte Gerste war. Denn die Griechen bezeichneten

---

worden zu sein, und zwar aus Hybriden zwischen *H. polystichum vulgare trifurcatum* und *H. hexastichum* Kcke., sowie aus Hybriden zwischen *H. polystichum vulgare trifurcatum* und *H. distichum*.

die beschalte Gerste — im Gegensatz zum Weizen — als nackt, d. h. spelzenlos, weil ihre Deckspelze und Vorspelze sich bei der Reife und beim Drusch nicht von der Frucht ablösen, sondern mit dieser fest in Verbindung bleiben, also scheinbar gar nicht vorhanden sind, und weil die Hüllspelzen sehr winzig sind und deshalb leicht übersehen werden. Auch den Römern galt die beschalte Gerste als nackt. Es geht dies namentlich aus den Angaben von Columella und Plinius hervor; letzterer bezeichnet die Gerste als ganz nackt. Vielleicht war Galenos' gymnokrithon eine Form von *Hordeum distichum*, bei der bei der Reife die Grannen leicht abbrachen. Nach C. Sprengel wurde in der zweiten Hälfte des achtzehnten Jahrhunderts auf der Insel Zante unter dem Namen γυμνοκϱιϑί [gymnokrithi] eine Gerste angebaut, von der Sibthorp sagt, sie sei grannenlos. *Walpersii* und *violaceum* werden auf der Iberischen Halbinsel, *himalayense* wird in Vorderindien und Innerasien landwirtschaftlich angebaut.

Außerdem gehören aber zu der Untergruppe *H. polystichum vulgare* noch eine Anzahl Formen mit normalen Deckspelzen und beschalten Früchten: *pallidum* Ser., *coerulescens* Ser., *nigrum* Willd. und *leiorrhynchum* Kcke. Sie sind so nahe miteinander verwandt, daß sie zu einem Formenkreise vereinigt werden können. Jede der drei erstgenannten Formen umfaßt zahlreiche Unterformen. *Pallidum* (mit reif meist blaßgelben oder blaugelben Ähren) ist die am meisten gebaute vielzeilige Gerste. *Coerulescens*, das sich von *pallidum* im wesentlichen durch größere Körner unterscheidet, in der Färbung diesem aber meist gleicht, selten im reifen Zustande graublaue Körner hat, wird vorzüglich in wärmeren Gegenden kultiviert; doch wird hier auch *pallidum* viel — wahrscheinlich sogar mehr als *coerulescens* — angebaut. *Nigrum* (mit blauschwarzen oder grauschwarzen Ähren) ist vorzüglich in Vorderasien und Nordafrika in landwirtschaftlicher Kultur. Das durch glatte Grannen ausgezeichnete *leiorrhynchum* scheint nur in botanischen Gärten kultiviert zu werden.

Aus Produkten der Kreuzung von *Hordeum polystichum pyramidatum* mit *H. polystichum parallelum* und *H. polystichum vulgare* hervorgegangene Formen sind bis jetzt nur in so geringer Anzahl — und diese wenigen nur so ungenügend — bekannt, daß die Aufstellung von sie umfassenden Untergruppen von *Hordeum polystichum* nicht möglich ist.

Die zweite der beiden Formenreihen der Saatgerste kann man als *Hordeum mixtum* bezeichnen. Ihre Formen, auf die ich hier nicht näher eingehen will,[1]) werden am besten nach den Formen, aus deren Kreuzungsprodukten sie entstanden sind, zusammengestellt.

II.

Wie ich schon bei der Betrachtung der Geschichte des Weizens gesagt habe, hat in Europa der Anbau von Gewächsen offenbar erst in der neolithischen Zeit begonnen; in dieser scheinen aber von Anfang an Gewächse, darunter auch Gerste und Weizen, angebaut worden zu sein. Wie der Weizen so war wohl auch die Gerste in allen neolithischen europäischen Getreideanbaugebieten in Kultur. Wahrscheinlich herrschte überall der Weizen vor, er war das eigentliche Brotkorn der damaligen Zeit. Die Gerste dagegen diente meist nicht zur Herstellung von Backwerk, ihre reifen Früchte wurden wohl hauptsächlich geröstet und wahrscheinlich auch gekocht genossen. Die Verwendung von gerösteter Gerste an Stelle von Backwerk läßt sich noch im historischen Altertum bei manchen Völkern, z. B. bei den Griechen, nachweisen, und selbst noch gegenwärtig wird von einigen Völkern die Gerste in diesem Zustande genossen. Die Röstung geschah und geschieht deswegen,

---

[1]) Die mir bekannten Formen habe ich in meiner Abhandlung über die Geschichte der Saatgerste (vgl. die Literatur-Zusammenstellung auf S. 116) aufgeführt.

um die Früchte leichter von den ihnen anhaftenden Spelzen befreien zu können. Vielleicht wurde in der neolithischen Zeit auch schon Bier oder schleimiges Getränk aus Gerste bereitet. Daß die Gerste damals wenigstens im zirkumalpinen Pfahlbautengebiete kein Brotkorn war, dafür spricht der Umstand, daß in den Überresten der Pfahlbauten zwar Weizen- und Hirsegebäck, aber kein Gerstengebäck gefunden worden ist. Auch aus dem übrigen Europa ist nichts bekannt geworden, was für eine Benutzung der Gerste in der neolithischen Zeit zur Herstellung von Backwerk spräche.

Im zirkumalpinen Pfahlbautengebiete waren damals *Hordeum polystichum* und *H. distichum* in Kultur. Die letztere scheint aber sehr wenig verbreitet gewesen zu sein, da von ihr nur (bei Wangen) ein Ährenstück — das später leider verloren gegangen ist — gefunden worden ist. Von *H. polystichum* wurde sowohl *H. polystichum vulgare* als auch *H. polystichum hexastichum* Kcke. angebaut, und zwar von letzterem zwei Formen: *sanctum* Heer und *densum* Heer. Diese Form stimmt nach Heer mit der „kurzen sechszeiligen Sommergerste“, also wohl mit *H. polystichum pyramidatum*, überein. Jene Form, Heers kleine Pfahlbautengerste, hat nach seiner Angabe bedeutend kleinere — 6 bis 7 mm lange und 3 bis 4 mm breite — Früchte als *densum*. Sie war offenbar die damals im Pfahlbautengebiete am meisten angebaute Gerstenform.

Was für Gerstenformen in der neolithischen Zeit in den übrigen europäischen Getreideanbaugebieten angebaut worden sind, läßt sich noch nicht sagen, da nirgends vollständige Ähren oder größere Ährenbruchstücke gefunden zu sein scheinen, die — in Griechenland, Bosnien, Ungarn, Deutschland, Dänemark, Südschweden und Frankreich — gefundenen Gerstenkörner[1]) aber noch nicht genügend untersucht worden sind.

[1]) Die bei Butmir in Bosnien gefundenen Körner sind kleiner als die Körner der kleinen Pfahlbautengerste. Auch in Ungarn scheint vorzüglich eine sehr kleinfrüchtige Gerstenform — wohl dieselbe wie bei Butmir — angebaut worden zu sein. Sie wird von Deininger,

Auch in der Bronzezeit und in der prähistorischen Eisenzeit wurde wohl in allen damaligen europäischen Ackerbaugebieten Gerste angebaut. Es scheinen allerdings bronzezeitliche Reste nur aus Dänemark und der Westschweiz, prähistorisch-eisenzeitliche Reste nur aus Dänemark, Deutschland und Österreich (Salzburg, Niederösterreich und Schlesien) bekannt geworden zu sein. Nur über die bronzezeitliche Gerste des zirkumalpinen Pfahlbautengebietes — von Montelier am Murtnersee und von der Petersinsel im Bielersee in der Westschweiz — ist näheres bekannt. Die hier gefundenen bestimmbaren Gerstenreste gehören zu Heers *Hordeum hexastichum*, also offenbar zu *H. polystichum pyramidatum*.

Dieses ist die erste Gerste, die uns in der historischen Zeit entgegentritt. Münzen des sechsten bis vierten Jahrhunderts vor Christi Geburt verschiedener griechischer Städte Süditaliens, z. B. von Arpi, Rubi, Butuntum in Apulien, Metapontum und Paestum (Posidonia) in Lukanien tragen nämlich das Bild einer Gerstenähre, das sich ungezwungen als das von *Hordeum polystichum pyramidatum* deuten läßt.[1])

Auf diesen Münzen ist nur die eine Ahrenseite, mit drei scharf voneinander geschiedenen Zeilen meist nicht sehr dicht stehender Körner, dargestellt. Die Körner der Seitenzeilen der Ähre tragen kräftige, aber kurze,[2]) stark spreizende, meist deutlich gezähnte Grannen. Von den Körnern der Mittelzeile ist meist[3]) nur das oberste be-

---

nach dessen Angabe in Ungarn auch die beiden Formen von *H. hexastichum* des zirkumalpinen Pfahlbautengebietes angebaut worden sind, *H. polystichum pannonicum* genannt.

[1]) Nach Koernicke und Hoops findet sich allerdings auf vereinzelten Münzen dieser Städte die zweizeilige Gerste dargestellt. Ich habe Abbildungen solcher Münzen nicht gesehen.

[2]) Daß die Grannen so kurz sind, beruht wohl darauf, daß zu ihrer vollständigen Darstellung kein Raum zur Verfügung stand.

[3]) Auf einzelnen Münzen ist auch das oberste der Mittelährchen nicht begrannt, weil die Münze keinen Raum für die Darstellung der Granne bot.

grannt. Die Grannen der übrigen sind aus technischen und ästhetischen Gründen nicht dargestellt, da sie sich decken würden. Die Ährenbilder sind bedeutend verkleinert, so daß aus ihnen nicht auf die Körnergröße geschlossen werden kann. Auf Münzen von Leontini (Leontion) auf Sizilien sind aber einzelne Körner abgebildet, und diese stimmen nach Heers Angabe „in Größe genau mit denen der kleinen Pfahlbautengerste überein und machen es daher wahrscheinlich, daß die kleine sechszeilige Pfahlbautengerste der Urtypus der heiligen, auf den Silbermünzen dargestellten Gerste sei“.

Aus dem Umstande, daß während eines Zeitraumes von mehreren Jahrhunderten auf den Münzen jener Städte die Abbildung der Gerstenähre immer wiederkehrt, und daß häufig auf den Münzen neben der Gerstenähre auch tierische Schädlinge der Gerste (Maus, Heuschrecke usw.) abgebildet sind, läßt sich wohl schließen, daß die Gerste, und zwar entweder ausschließlich oder doch weitaus vorherrschend *Hordeum polystichum pyramidatum*, in der damaligen Zeit das Hauptgetreide jener Städte und wohl des ganzen griechischen Süditaliens war. Offenbar hatten die eingewanderten Griechen die Gerste aus Hellas mitgebracht. Wäre das wirklich der Fall, so würde es sehr dafür sprechen, daß zur Zeit der Gründung der griechischen Kolonien Süditaliens vom achten bis zum sechsten Jahrhundert vor Christi Geburt die Gerste in Hellas, von wo die meisten Kolonisten jener Städte gekommen waren, und wohl auch im griechischen Kleinasien eine bedeutende Rolle als Kulturpflanze spielte, vielleicht die Hauptnährpflanze war.

Noch in den folgenden Jahrhunderten war dies wenigstens strichweise der Fall. So in Attika noch im vierten Jahrhundert vor Christi Geburt, was sich deutlich aus verschiedenen aristophaneischen Komödien erkennen läßt.

Ursprünglich dienten wohl hauptsächlich die gerösteten Gerstenfrüchte ganz oder zerkleinert zur Speise. Die mit Salz und Gewürz zerkleinerten Früchte — griechisch *τὸ ἄλφιτον* [to alphiton] oder meist *τὰ ἄλφιτα* [ta alphita], lateinisch polenta genannt — wurden meist mit Wasser, Most, Wein oder Öl zu einem Brei — *μάζα* [maza] — angerührt, der ohne weitere Zubereitung genossen wurde. Doch schon frühzeitig diente die Gerste auch zur Herstellung von Backwerk. Später war diese Benutzung der Gerste zur Herstellung von Speise die übliche. Maza fand Galenos im zweiten Jahrhundert nach Christi Geburt noch bei cyprischen Landleuten im Gebrauch, obwohl diese viel Weizen anbauten; später hörte, wie es scheint, ihre Benutzung im griechischen Kulturgebiete ganz auf.

Nach der Zeit des Aristophanes wurde aber wohl der Weizen das Hauptbrotkorn der Griechen. Ich möchte dies wenigstens daraus schließen, daß in der zweiten Hälfte des zweiten Jahrhunderts nach Christi Geburt Cl. Galenos in seinem Werke über den Wert der Nahrungsmittel den Weizen als das brauchbarste und am meisten gebrauchte Getreide der Griechen bezeichnet, die Gerste — die von den Griechen auch viel gebraucht werde — aber für bedeutend weniger wertvoll erklärt. Im Mittelalter änderte sich dies jedoch wieder; die Gerste wurde in Hellas und im griechischen Kleinasien wieder das Hauptbrotkorn. Sie ist es auch bis weit in das neunzehnte Jahrhundert hinein geblieben. Dann ist sie von neuem vom Weizen verdrängt worden, der jetzt das alleinige Brotkorn Griechenlands und des griechischen Orients ist. Die Gerste scheint heute selbst in den abgelegensten Gegenden nicht mehr oder doch nur gelegentlich zur Herstellung von Backwerk zu dienen. Dagegen bildet die Gerste — seit dem Altertum — das wichtigste Futter des Großviehs, namentlich der Pferde und Maultiere. Diese werden sowohl mit den Körnern als auch mit dem grüngemähten — frischen oder getrockneten — Kraute gefüttert.

Über die im Altertume in Griechenland und im griechischen Orient angebauten Gerstenformen wissen wir sehr wenig. Es ist recht wahrscheinlich, daß bis zum sechsten Jahrhundert, wenn auch wohl nicht ausschließlich, so doch vorzüglich, *Hordeum polystichum pyramidatum* angebaut wurde. Zur Zeit des im Jahre 288 vor Christi Geburt gestorbenen großen Naturforschers Theophrastos herrschten offenbar zwar auch noch Formen dieser Untergruppe vor, doch wurden daneben auch Formen von *H. distichum* und wohl auch Formen von *H. polystichum vulgare* kultiviert. Zu letzterer Untergruppe gehört wahrscheinlich die von Theophrast erwähnte schwarzkörnige Gerste. Gegenwärtig scheint in Griechenland hauptsächlich *H. polystichum vulgare* angebaut zu werden. Daneben sind aber auch *H. polystichum pyramidatum* und *H. distichum* in Kultur.

In Nord- und Mittelitalien scheint die Gerste nie eine so bedeutende Rolle als menschliche Nährpflanze wie in Süditalien gespielt zu haben. Im ersten Jahrhundert vor Christi Geburt und im ersten Jahrhundert nach Christi Geburt diente sie im römischen Italien in der Hauptsache als Viehfutter;[1]) zu diesem Zwecke wurde sie sehr viel angebaut. Die Gerste galt als besseres Viehfutter als der Weizen. Das Vieh wurde — wie in Griechenland — sowohl mit den Körnern als auch mit dem grüngemähten — frischen oder getrockneten — Kraute gefüttert. Auch wurden die Gerstenäcker vielfach als Weide benutzt. Für den menschlichen Genuß fand die Gerste in Italien wohl nur als tisana (griechisch ptisane) eine allgemeine und regelmäßige Verwendung. Die tisana oder ptisane war ein aus Gerste durch Kochen mit Wasser — und verschiedenen würzenden Zusätzen — hergestelltes Mus oder mehr oder weniger schleimiges Getränk, das als Erfrischungsmittel für Gesunde und Kranke und als leichte Nahrung für Kranke bei Römern und Griechen sehr beliebt war. Die bedeutendsten griechischen medizinischen Schriftsteller, Hippocrates und Galenos, haben ausführlich die Herstellung und Verwendung der ptisane beschrieben. Die tisana oder ptisane vertrat im römischen Italien, in Griechenland und im griechischen Kleinasien im Altertum die Stelle des Bieres, das hier auch in späterer Zeit keine

---

[1]) Vgl. S. 78.

weitere Verbreitung fand. In den im Norden an Italien und den griechischen Kulturkreis angrenzenden Ländern Pannonien, Illyrien, Thrakien, Phrygien und Armenien dagegen war Gerstenbier im ganzen Altertum beliebt. Außer als Viehfutter und zur Herstellung von tisana diente die Gerste — mit Weizen gemischt — im römischen Italien strichweise als Nahrung des ländlichen Gesindes. Eine allgemeinere Verwendung als menschliche Nahrung in Gestalt von Backwerk fand sie hier wohl nur in Zeiten, in denen das „Korn“, d. h. der Weizen, mißraten war.

Was für Gerstenformen in Nord- und Mittelitalien im ersten Jahrhundert vor Christi Geburt angebaut wurden, läßt sich nicht sagen. Weder Catos noch Varros Werk über die Landwirtschaft enthalten Angaben, aus denen man auf die damals angebauten Formen schließen könnte. Die im ersten Jahrhundert nach Christi Geburt in Italien hauptsächlich angebaute Gerste wurde nach Columellas Angabe von den Landwirten meist Hordeum hexastichum „sechszeilige Gerste“, seltener auch Hordeum cantherinum „Pferdegerste“ genannt. Daneben war nach seiner Angabe aber auch eine zweizeilige Gerste in Kultur, die Hordeum distichum oder Hordeum galaticum „galatische Gerste“ genannt wurde. Diese, die je nach der Witterung von Mitte Januar bis zum März gesät wurde, zeichnete sich durch schweres Korn und weißes Mehl aus. Columellas Hordeum distichum gehört sicher zu *H. distichum*, doch läßt sich nicht sagen, zu welcher Form oder welchen Formen bezw. Formenkreisen. Ebenso läßt sich nicht feststellen, zu welchen der Untergruppen von *Hordeum polystichum* Columellas Hordeum hexastichum gehört. Wahrscheinlich war auch damals noch *Hordeum polystichum pyramidatum* die am meisten kultivierte Untergruppe von *H. polystichum*. Die Bezeichnung Hordeum galaticum „galatische[1]) Gerste“ scheint anzudeuten, daß diese Gerste aus Kleinasien eingeführt worden war, doch

[1]) So, nicht gallische muß das Wort wohl übersetzt werden.

dürfte dies schon längere Zeit vor Columella geschehen sein, weil die Bezeichnung Hordeum hexastichum für H. cantherinum, die erst nach der Einführung der zweizeiligen Gerste entstanden sein kann, zu Columellas Zeit schon allgemein üblich war. Es ist allerdings auch möglich, daß die galatische Gerste nur eine neue, spät eingeführte Form von *H. distichum* war und daß andere Formen dieser Formengruppe schon lange vorher eingeführt worden waren. Nach Columellas Zeit ist *Hordeum polystichum pyramidatum* mehr und mehr durch *H. polystichum vulgare* verdrängt worden, das heute in Italien die verbreitetste vielzeilige Gerste ist. Außer der vielzeiligen Gerste wird in Italien gegenwärtig auch zweizeilige Gerste angebaut.

Über die Geschichte der Gerste auf der Iberischen Halbinsel, auf der im Altertum viel Gerste zur Bierbereitung angebaut zu sein scheint,[1] wissen wir nichts. Gegenwärtig wird hier vorzüglich *Hordeum polystichum vulgare* — darunter recht viel mehrere nacktfrüchtige Formen — kultiviert. *H. hexastichum* Kcke. wird in ganz Portugal, selten in Spanien angebaut; *H. distichum* ist auf der Halbinsel nur wenig in Kultur.

Im nördlicheren Europa ist gegenwärtig die Gerste nur noch in wenigen Gegenden ein wichtiges Brotkorn, so vor allem in Schweden und Norwegen. Gegenwärtig wird in Norwegen und im nördlicheren Schweden hauptsächlich *Hordeum polystichum vulgare*, im südlichen Schweden hauptsächlich *H. distichum normale nutans* und in einem Zwischengebiete hauptsächlich *H. distichum normale erectum* angebaut. *H. hexastichum* Koernicke ist in Skandinavien nur noch wenig in landwirtschaftlicher Kultur.

In Dänemark, wo ehemals die Gerste eine große Rolle als menschliche Nährpflanze gespielt hat, ist, wie schon gesagt wurde, heute der Roggen das Hauptbrotkorn. Doch wird hier auch gegenwärtig viel Gerste, hauptsächlich

---

[1]) Das spanische Bier scheint aber zum Teil aus Weizen gebraut worden zu sein.

Braugerste, angebaut. Zu diesem Zwecke dienen, wie dargelegt wurde, vorzüglich Chevaliergerstenformen.

Ähnlich liegen die Verhältnisse in Deutschland. Auch hier ist *Hordeum distichum* die weitaus am meisten angebaute Formengruppe. *Hordeum hexastichum* Kcke. wird nach Koernicke in Deutschland „jetzt wohl nicht mehr kultiviert, wenn nicht gelegentlich einmal versuchsweise". Welche Formen in Deutschland vom Ausgange der prähistorischen Zeit bis zur Neuzeit angebaut worden sind, läßt sich nicht sagen. Die wenigen Reste, die sich aus dem Altertum — in der römischen Niederlassung bei Haltern an der Lippe in Westfalen[1]) — und dem Mittelalter — in den Ruinen der Hünen- oder Frankenburg bei Rinteln an der Weser — erhalten haben, lassen sich nicht sicher bestimmen. Die in der Hünenburg gefundenen Gerstenkörner gehören nach Wittmack und Buchwald teils zu zweizeiligen, teils zu vielzeiligen Formen. Turner hatte, wie er in seinem 1548 erschienenen Werke Names of Herbes sagt, im sechzehnten Jahrhundert *Hordeum hexastichum* „ofte tymes in high Germany" gesehen. Die deutschen Botaniker dieses und des folgenden Jahrhunderts hatten wenig Verständnis für die damals in Deutschland angebauten Getreide, aus ihren Schriften lassen sich keine bestimmten Schlüsse auf die damals hier angebauten Gersten machen. Erst im achtzehnten Jahrhundert sind in Deutschland *Hordeum hexastichum* Kcke., *H. polystichum vulgare* und *H. distichum* scharf unterschieden worden.

Es ist recht wahrscheinlich, daß *Hordeum distichum* nach der neolithischen Zeit aus dem nördlicheren Europa verschwunden ist und hier erst durch die Römer wieder eingeführt worden ist. Das läßt sich wohl mit Bestimmtheit behaupten, daß die Römer es nicht nur in Deutschland, sondern auch in Frankreich und auf den Britischen Inseln ausgebreitet haben.

---

[1]) Daß die Germanen Bier, und zwar aus Gerste oder Weizen, brauten, wird zuerst in Tacitus' Germania berichtet. Weder Caesar noch Plinius erwähnen germanisches Bier.

Dafür, daß die Gerste ehemals in Nordwestdeutschland und im angrenzenden Dänemark eine der wichtigsten Kulturpflanzen war, spricht der Umstand,[1]) daß sie in ältester Zeit — wohl zusammen mit dem Roggen — offenbar das Hauptgetreide der Angelsachsen in England war.[2]) Später ist sie dann — ebenso wie der Roggen — als menschliche Nährpflanze mehr und mehr vom Weizen verdrängt worden, der heute in England[3]) das Hauptbrotkorn ist. Sie wird aber auch gegenwärtig noch viel in England angebaut, vorzüglich zur Bierbrauerei. Die Hauptmasse der hier angebauten Gerste gehört zu *Hordeum distichum normale nutans* und *erectum*. Daneben wird, vorzüglich im Norden, *H. polystichum vulgare* angebaut. Schon im sechzehnten Jahrhundert war in England *Hordeum distichum* verbreiteter als *H. polystichum vulgare*, bereits im siebzehnten Jahrhundert heißt es common barley; *H. hexastichum* Kcke. scheint damals nicht mehr angebaut worden zu sein.

In Holland, Belgien und Frankreich spielt die Gerste heute keine Rolle mehr als Brotkorn, sie wird hier aber überall zur Bierbrauerei und als Viehfutter angebaut. Dagegen wird die Gerste noch gegenwärtig in manchen Alpengegenden, z. B. in Graubünden, als Brotkorn benutzt. Am meisten wird gegenwärtig im Alpengebiete *Hordeum distichum* angebaut; *H. hexastichum* Kcke. ist hier nur noch wenig in Kultur.

In den slavischen Ländern ist die Gerste in der historischen Zeit wohl nirgends als Brotkorn von Bedeutung gewesen. Über ihre Geschichte in diesen Ländern ist nichts näheres bekannt.

In Ägypten scheint wie in Europa der Anbau der Gerste gleichzeitig mit dem des Weizens begonnen zu haben. Wie schon dargelegt wurde, werden nach Brugsch in den ältesten ägyptischen Inschriften stets drei Getreide: bōte

---

[1]) Auch der Umstand, daß sie in Nord- und Ostfriesland Koorn, Kurn = Korn genannt wird, spricht dafür; vergl. hierzu S. 30.

[2]) Vergl. S. 82.

[3]) In Schottland und Irland ist der Hafer das Hauptgetreide.

(Emmer), coyo (Nacktweizen) und iōt (offenbar Gerste) zusammen erwähnt und als Getreide durch eine Ähre als Determinativ bezeichnet. Die ältesten bekannten ägyptischen Gerstenreste stammen aus der — der Zeit der fünften Dynastie angehörenden — Ziegelpyramide von Dashûr. Sie scheinen wie auch die übrigen bekannten älteren ägyptischen Gerstenreste sämtlich zu *Hordeum polystichum* zu gehören. Nach Buschan stammen die älteren ägyptischen Gerstenreste teils von *H. hexastichum* Kcke., teils — vorzüglich — von *H. vulgare.* In Ägypten wurde im ganzen Altertume offenbar viel Gerste angebaut; sie scheint meist zum Bierbrauen verwendet zu sein.

Wie dargelegt wurde, wächst sowohl die mutmaßliche Stammart von *Hordeum distichum, H. spontaneum,* als auch die mutmaßliche Stammart von *H. polystichum, H. ischnatherum*, östlich von Ägypten in Vorderasien, nach Westen bis zur Sinaihalbinsel, und westlich von Ägypten in der Marmarica und der Cyrenaica. Es ist deshalb recht wahrscheinlich, daß beide Arten oder wenigstens eine von ihnen ehemals auch in Ägypten vorgekommen sind oder sogar noch gegenwärtig hier vorkommen. Und es ist somit nicht unmöglich, daß sie in Ägypten in Kultur genommen worden sind, und daß *Hordeum distichum* und *H. polystichum* oder eins davon in Ägypten entstanden sind. Ich halte das aber nicht für wahrscheinlich, ich bin vielmehr überzeugt, daß *H. distichum* und *H. polystichum* in Vorderasien entstanden sind, wo sie im Altertume wohl allgemein, doch vielleicht überall weniger als der Weizen, angebaut wurden und teils als menschliche Nahrung, teil als Viehfutter verwendet wurden.[1]) In welche Gegend Vorderasiens und in welche Zeit aber ihre Entstehung fällt, darüber läßt sich nichts sagen. Ich vermute, daß ihre Entstehung in eine Periode fällt, deren Sommerklima kühler und feuchter als das der

---

[1]) In Palästina diente die Gerste in den beiden ersten Jahrhunderten unserer Zeitrechnung außer als Viehfutter zur Bereitung von Brot und Getränken. Heute wird die Gerste in Syrien als der Gesundheit nicht zuträglich nicht zur Brotbereitung verwendet.

Gegenwart war. Vielleicht wurden ursprünglich die Ähren in der Milchreife der Früchte, bevor sie zerfielen, gesammelt und geröstet. Der Brauch, die Ähren zu rösten und die gerösteten Früchte ganz oder zerkleinert zu verspeisen, erhielt sich, wie schon gesagt wurde, als in der Kultur die Achse der reifen Ähre zäh geworden war und man die vollreifen Ähren einsammelte.

In Vorderasien und von hier aus nach Europa und Ägypten hat sich die Gerste wie der Weizen vorzüglich durch Völkerwanderungen ausgebreitet. In die nördlich von dem zirkumalpinen Pfahlbautengebiete und Ungarn gelegenen Länder Europas haben sie offenbar die Indogermanen gebracht. Manches deutet darauf hin, daß sie entweder das älteste Getreide der Indogermanen vor ihrer Einwanderung in das nördlichere Europa war, oder daß sie doch ursprünglich deren Hauptgetreide war.

In Afrika hat sich die Gerste im Norden weit ausgebreitet. In Abessinien, wo seit alter Zeit viel Gerste angebaut wird, haben sich die merkwürdigen Fehlgersten, *Hordeum distichum deficiens*, entwickelt, die sich von hier auch nach Arabien ausgebreitet haben.[1]) In Abessinien sind aber auch andere merkwürdige Formen entstanden, darunter eine nackte Form *revelatum* von *Hordeum hexastichum* Kcke.

Wahrscheinlich sind *Hordeum distichum* und *H. polystichum* ungefähr gleichzeitig in der Kultur entstanden. Bei Beginn der neolithischen Kultur in Europa bestanden sie schon lange. Daß *Hordeum distichum*, obwohl es in Europa bereits in der neolithischen Zeit eingeführt worden war, bis zur historischen Zeit sich wenig ausgebreitet hat, aus dem nördlicheren Europa sogar wieder vollständig verschwunden ist, liegt wohl daran, daß es sich für die Verwendung, die damals die Gerste vorzüglich fand, weniger eignet als die körnerreiche vielzeilige Gerste.

---

[1]) Es ist allerdings recht wohl möglich, daß die Urkulturform der Fehlgersten von auswärts in Abessinien eingeführt worden ist.

Von Vorderasien hat sich die Gerste nicht nur nach Westen, sondern auch nach Osten ausgebreitet. Nach China ist sie vielleicht erst später als der Weizen gelangt, der, wie ich dargelegt habe, zu den ältesten Kulturpflanzen Chinas zu gehören scheint. Nach Bretschneider wurde in China um das Jahr 100 nach Christi Geburt „Gerste“ angebaut. In Vorderindien haben die Gerste vielleicht erst die von Westen her einwandernden Indogermanen eingeführt, deren Hauptgetreide — yavas — sie gewesen zu sein scheint. Wahrscheinlich war in Vorderindien ursprünglich nur *H. hexastichum* Kcke. eingeführt worden, das nach Roxburgh am Ende des achtzehnten Jahrhunderts dort allein angebaut wurde.

In den letzten Jahrhunderten ist die Gerste auch in Nord- und Südamerika und Australien eingeführt worden.

Literatur.

Ascherson und Graebner, Synopsis der mitteleuropäischen Flora, Bd. 2, Abt. 1 (Leipzig 1898—1902), S. 720—733.

Atterberg, Die Erkennung der Haupt-Varietäten der Gerste in den nordeuropäischen Saat- und Malzgersten, Die landwirtschaftlichen Versuchsstationen, Bd. 36 (1889), S. 23—27; Ders., Die Klassifikation der Saatgersten Nord-Europas, ebendas., Bd. 39 (1891), S. 77—80; Ders., Die Varietäten und Formen der Gerste, Journal für Landwirtschaft, Jahrg. 47 (1899), S. 1—44.

Broili, Über die Unterscheidung der zweizeiligen Gerste — *Hordeum distichum* — am Korne, Inaugural-Dissertation der Universität Jena (Jena 1906); Ders., Das Gerstenkorn im Bilde (Stuttgart 1908).

Buschan, Vorgeschichtliche Botanik der Kultur- und Nutzpflanzen der alten Welt auf Grund prähistorischer Funde (Breslau 1895), S. 35—50.

Fruwirth, Die Züchtung der landwirtschaftlichen Kulturpflanzen, Bd. 4, 2. Aufl. (Berlin 1910), S. 240—324.

Heer, Die Pflanzen der Pfahlbauten, Separatabdruck aus dem Neujahrsblatt der Naturforschenden Gesellschaft [zu Zürich] auf das Jahr 1866 (1865), S. 9—13, 45 u. f.

Hoops, Waldbäume und Kulturpflanzen im germanischen Altertum (Straßburg 1905), S. 275 u. f.

Imhoof-Blumer und Keller, Tier- und Pflanzenbilder auf Münzen und Gemmen des klassischen Altertums (Leipzig 1889), vorz. S. 56 und 165.

Koernicke, Die Arten und Varietäten des Getreides (Berlin 1885), S. 129—191; Ders., Die Entstehung und das Verhalten neuer Getreidevarietäten, Archiv für Biontologie, herausgegeben von der Gesellschaft naturforschender Freunde zu Berlin, Bd. 2 (1908), S. 391—437 (412—434).

Schulz, Die Abstammung der Saatgerste, Mitteilungen der Naturforschenden Gesellschaft zu Halle a. d. S., Bd. 1, 1911 (1912), S. 18—27; Ders., Die Geschichte der Saatgerste, Zeitschrift für Naturwissenschaften, Bd. 83, 1911 (1912), S. 197—233; Ders., Über zweizeilige Gersten mit monströsen Deckspelzen, Mitteilungen des Thüringischen botanischen Vereins N. F., Heft 29 (1912), S. 39—43.

Schweinfurth, Über die von A. Aaronsohn ausgeführten Nachforschungen nach dem wilden Emmer (*Triticum dicoccoides* Kcke.), Berichte der Deutschen botanischen Gesellschaft, Bd. 26ª (1908), S. 309—324.

Seringe, Descriptions et figures des céréales européennes, 1. Teil, Annales des sciences physiques et naturelles de Lyon, Bd. 4 (1841), S. 321—384, mit 10 Tafeln.

Voss, Versuch einer neuen Systematik der Saatgerste, Journal für Landwirtschaft, Jahrg. 33 (1885), S. 271 u. f.

Wönig, Die Pflanzen im alten Ägypten (Leipzig 1886).

4. Der Saathafer.

I.

Die Kulturformen, die unter dem Namen Saathafer vereinigt werden, lassen sich in sieben Gruppen zusammenfassen, die man mit den Namen, die ihnen zu einer Zeit gegeben sind, als man sie noch als Arten betrachtete, als *Avena sativa*[1]) Linné (Rispenhafer), *A. orientalis* Schreber (Fahnenhafer), *A. nuda* Linné (Nackthafer), *A. strigosa* Schreber (Rauhhafer, niederdeutsch Swaarthawer), *A. brevis* Roth (Kurzhafer, niederdeutsch Korthawer, Kortkoorn), *A. byzantina* C. Koch (Mittelmeerhafer) und *A. abyssinica* Hochstetter (Abessinischer Hafer), bezeichnen kann.

Wie namentlich Thellungs Untersuchungen gelehrt haben, stammen diese sieben Formengruppen nicht von einer Art, sondern wahrscheinlich von vier Arten, nämlich von *Avena fatua* Linné, *A. barbata* Pott, *A. Wiestii* Steudel und *A. sterilis* Linné, ab. Wahrscheinlich ist *A. fatua* die Stammart von *A. sativa, A. orientalis* und *A. nuda*; *A. barbata* die Stammart von *A. strigosa* und *A. brevis*; *A. Wiestii* die Stammart von *A. abyssinica*; *A. sterilis* die Stammart von *A. byzantina*.

Der Blüten- und Fruchtstand des Saathafers und seiner Stammarten ist eine allseitig ausgebreitete oder einseitig zusammengezogene Rispe, deren Achse und Zweige mit

---

[1]) Da Fr. Koernicke und andere Schriftsteller unter dem Namen *Avena sativa* alle Saathaferformen zusammengefaßt haben, so wäre es vielleicht zweckmäßig, wenn der Name *A. sativa* für die erste der aufgezählten Formengruppen durch den jüngeren Namen *A. diffusa* Neilreich ersetzt würde.

einem Ährchen abschließen. Die Ahrchenachse trägt an der Basis zwei große Hüllspelzen, die bei den meisten Formen die übrigen Spelzen des Ährchens mit Ausnahme ihrer Rückengrannen — falls solche vorhanden sind — überragen und zum großen Teil einhüllen, darüber zwei oder drei, seltener bis sechs auf dem Rücken begrannte oder nicht begrannte Deckspelzen mit normalen Blüten in den Achseln, und über diesen häufig noch eine oder wenige verkümmerte Deckspelzen ohne normale Blüten.

Bei den Stammarten löst sich zur Zeit der Fruchtreife die obere, die Früchte tragende Partie der Ährchenachse von der unteren, ganz kurzen Partie dieser Achse ab, die in Form einer elliptischen oder länglich-elliptischen oder eiförmigen, vielfach fast senkrecht auf der Ansatzstelle des Ährchens stehenden, mehr oder weniger konkaven Schuppe mit den an ihrem Grunde sitzenden Hüllspelzen an dem Rispenzweige haften bleibt. Die sich ablösende Partie der Ährchenachse bleibt entweder — so bei *Avena sterilis* — im Zusammenhang, so daß die Früchte nur durch einen gewaltsamen Bruch des sie verbindenden Stückes der Ährchenachse voneinander getrennt werden können, oder — so bei den drei anderen Arten — jene Partie zerfällt von selbst zwischen den Ansatzstellen der Deckspelzen.

Bei den Kulturformengruppen löst sich zur Zeit der Fruchtreife die die Früchte tragende Partie der Ährchenachse weder von selbst als Ganzes ab, noch zerfällt sie von selbst in ihre einzelnen Glieder, so daß also die Früchte an der Rispe haften bleiben und nur durch einen Schlag oder Druck auf das Ährchen von ihr abgelöst werden können.

Außerdem sind bei den Stammarten die unteren Partien der Deckspelzen und die Ährchenachsen dicht mit langen, geraden, grauweißen, graugelben, gelben oder braunen Haaren bedeckt, während bei den Kulturformen diese Stellen unbehaart sind oder nur wenige Haare tragen.

Bei allen Stammarten treten hin und wieder im wilden Zustande, vorzüglich an feuchten, gedüngten Stellen, sowie bei absichtlicher Kultur Individuen auf, deren Ahrchenachse sich nur schwer von ihrer basalen Partie ablöst und — bei der zweiten Gruppe — nur schwer in ihre einzelnen Glieder zerfällt, und bei denen die Deckspelzen und die Ährchenachsen nur wenige Haare tragen oder, vorzüglich die ersteren, ganz unbehaart sind.

Außerdem kommen zwischen den Stammarten und den von ihnen abstammenden Kulturformengruppen Individuen vor, die die Eigenschaften beider in verschiedener Weise in sich vereinigen, und die nur als Bastarde zwischen ihnen angesehen werden können.

Avena sterilis[1]) ist im ganzen weiteren Mittelmeergebiete, nach Osten bis Persien und zum westlichen Zentralasien, verbreitet, doch ist sie vielleicht nur in einem Teile dieses Gebietes indigen, in seine übrigen Gegenden erst durch die Kultur gelangt. Durch diese ist sie auch nach anderen Gebieten, so nach Südamerika, verschleppt worden. Sie zerfällt vielleicht in eine Anzahl selbständiger Formen mit weiterem oder engerem Areal.

Ihre Kulturformengruppe, *Avena byzantina,* ist sehr vielgestaltig. Manche Formen von *A. byzantina* sind im Aussehen *A. sterilis* recht ähnlich, die Ährchen sind aber kleiner, die Deckspelzen, von denen meist nur zwei vorhanden sind, sind meist kahl, die Ährchenachsen, die sich nicht mehr von selbst, sondern erst auf Schlag oder Druck von ihrer basalen Partie ablösen, sind ebenfalls kahl oder schwach behaart — die Haare stehen vorzüglich unter der unteren Blüte und sind verhältnismäßig lang —, und die Rückengrannen der Deckspelzen sind nicht gekniet und im unteren Teile nur wenig oder, namentlich an der oberen Deckspelze, deren Granne vielfach sehr kurz ist, gar nicht gedreht. Andere — vorzüglich in Unteritalien kultivierte — Formen von *A. byzantina* lassen sich dagegen im Aussehen kaum von *A. sativa* unterscheiden; ihre obere Granne ist häufig nur sehr winzig oder gar nicht mehr vorhanden.

---

[1]) Mit Ausschluß von *Avena Ludoviciana* Dur.

Daß diese Formen aber von *A. sterilis* abstammen, kann man daran erkennen, daß sich ihre Ährchenachse bei einem Schlag oder Druck auf das Ährchen durch einen schiefen Bruch an der Stelle, wo bei *A. sterilis* die freiwillige Ablösung erfolgt, die noch deutlich an einer Furche erkennbar ist, von der etwas abweichend gefärbten basalen Partie ablöst. Bei *A. sativa* löst sich dagegen die Ährchenachse durch einen ungefähr senkrecht zu ihr verlaufenden Bruch von ihrer Basis ab. Zwischen diesen beiden extremen Formenkreisen von *A. byzantina* kommen alle Abstufungen vor.

Avena byzantina kann man als Mittelmeerhafer bezeichnen, da sie nur im Mittelmeergebiete, in diesem aber in den verschiedensten Gegenden von Spanien und Algerien bis Mesopotamien, angebaut wird. Im Mittelmeergebiete tritt sie stellenweise auch als Ackerunkraut auf. Da, wie schon gesagt wurde, *A. sterilis* nur im Mittelmeergebiete einheimisch, in ihre übrigen Wohngebiete aber erst in der Neuzeit durch die Kultur gelangt ist, so kann *A. byzantina* nur im Mittelmeergebiete aus ihr hervorgegangen sein. Wahrscheinlich ist *A. sterilis* an mehreren Stellen des Mittelmeergebietes als Futterpflanze in Kultur genommen worden und *A. byzantina* an mehreren Stellen bei dieser Kultur entstanden. *A. byzantina* wurde zwar schon im Jahre 1848 von K. Koch wissenschaftlich unterschieden und benannt, sie wurde aber später allgemein für eine Zwischenform zwischen *A. fatua* und *A. sativa* angesehen, und es wurde der im Mittelmeergebiete kultivierte Saathafer bis in die letzten Jahre ausschließlich für *A. sativa* gehalten. Erst von Thellung wurde *A. byzantina* richtig gedeutet und erkannt, daß der meiste im Mittelmeergebiete angebaute Saathafer, der kurz vorher von Trabut von *A. sativa* unterschieden worden war, zu *A. byzantina* gehört. *A. sativa* wird im Mittelmeergebiete nur wenig, am meisten wie es scheint in Südfrankreich angebaut.

Die zweite Gruppe der Saathaferstammarten zerfällt in zwei Untergruppen, von denen die eine *Avena barbata* und *A. Wiestii* umfaßt, deren Deckspelzen oben in zwei

Grannenspitzen auslaufen, die andere aus *A. fatua* besteht, deren Deckspelzen an der Spitze zwei kurze Zähne tragen.[1])

Avena barbata und *A. Wiestii* stehen einander sehr nahe. Bei *A. Wiestii* laufen die beiden außen an die Grannenspitzen der — kurz zugespitzten — Deckspelze angrenzenden Nerven stets in je eine deutliche Spitze aus, bei *A. barbata*, deren Deckspelzen sich nach der Spitze hin länglich verschmälern, fehlen diese beiden Seitenspitzen oder sie sind nur schwach entwickelt.

Avena abyssinica unterscheidet sich von *A. Wiestii* im wesentlichen nur dadurch, daß bei der Fruchtreife ihre Ährchenachse weder sich ablöst noch zerfällt, daß die vier Grannenspitzen ihrer Deckspelze sehr kurz, manchmal fast geschwunden sind, daß ihre Deckspelzen und ihre Ährchenachsen wenig behaart oder ganz kahl sind und daß bei ihr das unterhalb der unteren Deckspelze befindliche Glied der Ährchenachse länger als bei *A. Wiestii* ist.

Avena Wiestii scheint nur in den Wüsten Nordafrikas und Arabiens indigen zu sein. *A. abyssinica* wird in Abessinien — vorzüglich in höheren Gebirgsgegenden — und in Südarabien wenig als Futterpflanze und menschliche Nährpflanze kultiviert, tritt hier aber vielfach in großer Menge als Ackerunkraut auf. Von ihr sind mehrere Formen bekannt, die sich nur durch die Farbe der Körner, d. h. der von der Deckspelze und der Vorspelze umgebenen Früchte, zu unterscheiden scheinen. Wo *A. abyssinica* im Wohngebiete von *A. Wiestii* gezüchtet worden ist, läßt sich nicht erkennen.

Avena barbata hat ein ausgedehnteres Wohngebiet als *A. Wiestii*. Sie wächst im ganzen weiteren Mittelmeergebiete von Persien, Mesopotamien und Transkaukasien bis Portugal, sowie in den atlantischen Gegenden Europas nach Norden bis zur Bretagne und bis zu den Kanalinseln.[2])

---

[1]) Bei *A. sterilis* tragen die Deckspelzen in der Regel wie bei *A. fatua* oben zwei Zähne.

[2]) Neuerdings hat sie sich auch in verschiedenen Gegenden außerhalb dieses Gebietes, namentlich in Amerika, angesiedelt.

Von ihren beiden Kulturformengruppen steht ihr *Avena strigosa* näher als *A. brevis*. *A. strigosa* unterscheidet sich von *A. barbata* außer dadurch, daß ihre Ährchenachse zur Zeit der Fruchtreife nicht von selbst zerfällt, im wesentlichen nur durch die Verlängerung des Gliedes der Ährchenachse unterhalb der unteren Deckspelze und durch die geringe Behaarung oder völlige Kahlheit der Deckspelzen und der Ährchenachsen, die bei *A. barbata* stark behaart zu sein pflegen.

A. strigosa und *A. brevis* unterscheiden sich nur durch die — bei den beiden Blüten, oder, falls drei Blüten im Ährchen vorhanden sind, bei den beiden unteren Blüten wie bei *A. barbata* meist eine Rückengranne tragenden — Deckspelzen, die bei *A. strigosa* lanzettlich sind und sich nach der Spitze hin verschmälern, bei *A. brevis* dagegen stumpf sind, und deren Grannenspitzen bei *A. brevis* viel kürzer als bei *A. strigosa*, manchmal nur zahnartig sind. Die Rispe ist bei beiden Formengruppen entweder ausgebreitet oder einseitwendig zusammengezogen.

Avena brevis wird gegenwärtig nur in Portugal, Spanien, in einigen Gegenden Frankreichs und Belgiens sowie an wenigen Orten des nordwestlichen Deutschlands landwirtschaftlich angebaut.

Das Anbaugebiet von *A. strigosa* ist größer. Es erstreckt sich von Portugal und Spanien über Frankreich und die Britischen Inseln bis zu den Orkney- und Shetlandinseln, und umfaßt auch Belgien und Westdeutschland. In diesen Gegenden ist *A. strigosa* auch ein häufiges Ackerunkraut; als solches tritt sie auch in manchen anderen Gegenden Europas, z. B. in vielen Strichen des östlichen Deutschlands, auf. Ich bin überzeugt, daß *A. strigosa* und *A. brevis* unabhängig voneinander und aus verschiedenen Formen von *A. barbata* in der Kultur entstanden sind und daß sie als selbständige Formengruppen betrachtet werden müssen. Ihre Heimat liegt ohne Zweifel im atlantischen Europa.

Avena fatua, die in eine Anzahl hauptsächlich durch die Farbe der Deck- und Vorspelzen und die Gestalt der

Rispe voneinander abweichender Formen zerfällt, wächst gegenwärtig im größten Teile Europas, Nordafrikas und des gemäßigteren Asiens, sowie in verschiedenen Gegenden Südafrikas, Amerikas und Australiens, meist als Ackerunkraut. Indigen ist sie aber wohl nur in Osteuropa und im westlichen Zentralasien und vielleicht auch in den Steppengegenden Nordafrikas sowie in Nord- und Ostasien. In Osteuropa oder im angrenzenden Zentralasien sind wohl zwei ihrer Formengruppen, *A. sativa* und *A. orientalis*, offenbar unabhängig voneinander aus verschiedenen Formen von ihr, entstanden.

Es kommen zahlreiche Individuen vor, die die Eigenschaften von *A. fatua* und *A. sativa*, sowie von *A. fatua* und *A. orientalis* in sich vereinigen. Man hat sie zu mehreren Formen zusammengefaßt, die aber ineinander übergehen. Sie sind offenbar sämtlich Bastarde zwischen *A. fatua* einerseits, *A. sativa* oder *A. orientalis* andererseits. Die Nachkommen dieser Individuen gleichen zum Teil den elterlichen Individuen, zum Teil *A. fatua*, zum Teil *A. sativa* oder *A. orientalis*. Dies hat Veranlassung zu der Annahme gegeben, *A. sativa* und *A. orientalis* schlügen leicht in *A. fatua* zurück und *A. fatua* ginge leicht in *A. sativa* und *A. orientalis* über.

A. sativa und *A. orientalis* unterscheiden sich nur durch die Gestalt der Rispe, die bei *A. sativa* nach allen Seiten ausgebreitet, bei *A. orientalis* einseitwendig ist. Von beiden, namentlich von *A. sativa*, sind zahlreiche Formen vorhanden, die sich vorzüglich durch die Ausbildung der Rückengranne der Deckspelze, die Anzahl der Körner im Ährchen, sowie die Gestalt und die Färbung der Körner voneinander unterscheiden.

Die unter dem Namen *Avena nuda* vereinigten Formen haben nicht wie die übrigen Saathaferformen beschalte, d. h. an der Basis mit der Deckspelze und der Vorspelze verwachsene Früchte, sondern nackte, d. h. nicht mit den Spelzen verwachsene Früchte, die sich durch Drusch vollständig von den sie einhüllenden Spelzen befreien lassen.

Außerdem ist bei den meisten Ahrchen ihrer Rispe die Achse so bedeutend verlängert, daß die Spelzen der oberen der drei bis sechs Blüten des Ährchens oder die aller Blüten des Ährchens die Hüllspelzen überragen, und es sind zur Zeit der Fruchtreife ihre Deckspelzen häutig wie die Hüllspelzen, nicht wie bei den übrigen Saathaferformengruppen pergamentartig.

Die Nackthaferformen sind offenbar — wie *Triticum polonicum* — konstant gewordene Mißbildungen. Wahrscheinlich stammen sie alle von *A. fatua* ab. In der Gestalt der Rispe gleichen sie zum Teil *A. sativa*, zum Teil *A. orientalis.* Wahrscheinlich sind sie erst aus diesen Formengruppen, offenbar in verschiedenen Gegenden, gezüchtet worden. Sie unterscheiden sich voneinander hauptsächlich durch die Größe der Ährchen, die Ausbildung der Rückengranne der Deckspelzen sowie die Farbe der Deckspelzen und Vorspelzen.

II.

In Europa scheint bereits in der Bronzezeit Saathafer angebaut worden zu sein. Es sind wenigstens in Überresten bronzezeitlicher Pfahlbauten der Westschweiz (auf der Petersinsel im Bielersee und bei Montelier am Murtnersee) und Savoyens (bei Bourget), in einer bronzezeitlichen Schicht der Sirgensteinhöhle bei Schelklingen in Schwaben, sowie in Überresten bronzezeitlicher Siedelungen Dänemarks Haferfrüchte gefunden worden, die offenbar von kultivierten Individuen stammen und allgemein zu *Avena sativa* gerechnet werden. Wenn diese Bestimmung richtig ist, so muß *A. sativa* schon frühzeitig aus dem westlichen Zentralasien oder dem benachbarten Osteuropa, wo wir, wie dargelegt wurde, ihre Heimat zu suchen haben, nach dem westlicheren Europa gelangt sein.

Dann tritt uns der Saathafer in der Alten Welt mit Sicherheit erst wieder in der zweiten Hälfte des ersten Jahrhunderts nach Christi Geburt in der Naturgeschichte des Plinius, und zwar als Kulturpflanze des Mittelmeergebietes, entgegen.

Plinius spricht in dem genamten Werke von einem Griechischen Hafer (avena graeca), dessen Frucht nicht abfiele und der im Gemisch mit verschiedenen Leguminosen als — ocinum genanntes — Futter für Rinder angebaut würde. Plinius' Zeitgenosse Columella kennt eine nur Hafer (avena) genannte Futterpflanze, die im Herbst, offenbar ohne Beimischung von Leguminosen, gesät wurde und teils grün verfüttert wurde, teils zur Heubereitung diente. Aus der Art und Weise, wie Columella diese Pflanze behandelt, geht hervor, daß sie zu seiner Zeit eine verbreitete und wertvolle Kulturpflanze Italiens war. Ich möchte es nicht als sicher hinstellen, daß Columellas avena dieselbe Form wie die avena graeca des Plinius ist; ich halte es vielmehr für wahrscheinlicher, daß Plinius' avena graeca eine andere, in späterer Zeit aus dem griechischen Kulturgebiete eingeführte Form derselben Formengruppe ist, zu der Columellas avena gehört. Plinius' avena ist aber wohl identisch mit dem *βρῶμος* [bromos] seines Zeitgenossen Dioscorides, den dieser Schriftsteller nur als Arzneipflanze kennt, und dem *βρόμος* [bromos] des im folgenden Jahrhundert lebenden Cl. Galenos, der damals in Kleinasien, vorzüglich in der Umgebung von Pergamon in Mysien, viel als Futter für Zug- und Packtiere angebaut wurde, aus dem jedoch auch ein der ptisane ähnliches, aber dickeres Getränk bereitet wurde und der in Zeiten der Not sogar zur Herstellung von — unangenehm schmeckendem — Backwerk diente. Da bei Dioscorides' bromos offenbar zwei Deckspelzen des Ährchens begrannt waren, so gehört er ebenso wie Plinius' avena graeca und Galenos' bromos wohl zu *Avena byzantina*. Auch Columellas avena gehört, wie gesagt, wohl zu dieser Formengruppe, jedoch zu einer anderen Form, die vielleicht in Italien aus *Avena sterilis*, die hier als Futterpflanze in Kultur genommen war, hervorgegangen war. Aber offenbar nicht sehr lange vor Columellas Zeit, denn die römischen

Schriftsteller des ersten Jahrhunderts vor Christi Geburt, darunter auch der landwirtschaftliche Schriftsteller Cato,[1]) scheinen den Hafer (avena) nur als Ackerunkraut zu kennen. Als solches, und zwar als das lästigste, war der Hafer (avena) auch Plinius bekannt. Plinius' avena graeca ist wahrscheinlich nicht in Hellas, sondern in Kleinasien entstanden. Ihre Züchtung war wohl schon längere Zeit vor Christi Geburt erfolgt. Die erste Erwähnung des Hafers (bromos) als Kulturpflanze des griechischen Kulturgebietes findet sich bei dem im vierten Jahrhundert vor Christi Geburt lebenden griechischen medizinischen Schriftsteller Dieuches, der den Hafer zur Bereitung von alphita empfiehlt. Später wird der Saathafer (bromos) auch von Theophrastos erwähnt.

Ob im Altertum im Mittelmeergebiete außerhalb Italiens und des griechischen Kulturgebietes, namentlich des griechischen Kleinasiens, Saathafer angebaut worden ist, ist nicht bekannt. Aus seiner Erwähnung im Edictum Diocletiani, im Ezechiel-Kommentar des Eusebius Hieronymus und im Lexikon des Hesychios darf man aber wohl schließen, daß er in jenen Gegenden des Mittelmeergebietes auch im späteren Altertum — nach dem ersten und zweiten Jahrhundert nach Christi Geburt — viel als Futterpflanze[2]) kultiviert worden ist.

Heute wird im östlicheren Teile des Mittelmeergebietes nur wenig Saathafer angebaut, offenbar weniger als im Altertum, da sowohl seine Frucht wie sein Kraut als schädlich für das Vieh, namentlich die Zug- und Packtiere, angesehen wird. Der hier angebaute Hafer scheint ausschließlich zu *Avena byzantina* zu gehören. In anderen Gegenden des Mittelmeergebietes sind jedoch, wie schon gesagt wurde, auch andere Saathaferformengruppen in landwirtschaftlicher Kultur.

---

[1]) Varro, der andere bedeutende römische landwirtschaftliche Schriftsteller dieses Jahrhunderts, erwähnt den Hafer gar nicht.

[2]) Der Saathafer scheint damals aber nur wenig geschätzt worden zu sein, denn im Edictum Diocletiani ist sein Maximalpreis recht gering.

Plinius kennt in seiner Naturgeschichte den Hafer aber nicht nur als kultivierte Futterpflanze Italiens und als Ackerunkraut, sondern auch als menschliche Nährpflanze, und zwar Germaniens. Nach seiner Angabe bauten die Völker Germaniens den Hafer als Getreide an und lebten nur von Haferbrei. Leider geht aus Plinius' Worten nicht hervor, ob sich seine Aussage auf alle den Römern bekannten germanischen Völker oder nur auf einen Teil von diesen bezieht, und zu welcher Formengruppe der damals in Germanien angebaute Saathafer gehört.

Der Saathafer ist von Plinius' Zeit bis zur Neuzeit in umfangreichem Maße in Deutschland angebaut worden.

In der schon mehrfach genannten, wahrscheinlich im Anfange des elften Jahrhunderts zerstörten Hünen- oder Frankenburg bei Rinteln an der Weser sind Haferkörner gefunden worden, die von Wittmack und Buchwald für solche von *Avena sativa* angesehen werden.

Im sechzehnten Jahrhundert tritt uns der Saathafer auch in der deutschen botanischen Literatur entgegen. Nach den Abbildungen zu urteilen, auf denen er meist mit eingrannigen oder grannenlosen Ährchen dargestellt ist, gehört der damals in Deutschland angebaute Saathafer wohl meist zu *Avena sativa*. Beschrieben wird er freilich meist als zweigrannig, nach der Meinung von E. H. L. Krause deswegen, weil Dioscorides dem Hafer (bromos) zweigrannige Ährchen zuschreibt. Dioscorides' Hafer war aber, wie schon gesagt wurde, offenbar *Avena byzantina*, deren Ährchen meist zwei Grannen haben.

Gegenwärtig sind in Deutschland am meisten Formen mit unbegrannten Deckspelzen und weißen Körnern in Kultur, die offenbar ursprünglich aus England eingeführt worden sind; noch in der ersten Hälfte des neunzehnten Jahrhunderts wurden dagegen vorzüglich begrannte Formen angebaut.

Die andere von *Avena fatua* abstammende normale Formengruppe, *A. orientalis*, tritt uns mit Sicherheit — nicht nur als deutsche Kulturpflanze, sondern überhaupt — erst im Anfang des achtzehnten Jahrhunderts, und zwar in Buxbaums 1721 erschienener Aufzählung der Pflanzen der Umgegend von Halle, entgegen. Buxbaum nennt diesen Hafer *Avena panicula longa, minus sparsa, unam partem spectante* und sagt, daß er bisweilen in der Umgebung von Halle mit *Avena vulgaris seu alba* C. B. P., d. h. *Avena sativa*, häufiger aber in Thüringen angebaut werde, und daß er von den Landleuten „Türckischer Haber" genannt werde. Dann wird dieser Hafer, ebenfalls als Kulturpflanze Thüringens und der Umgebung von Halle, in der zweiten[1]) Auflage von Rupps Flora von Jena (1726) — unter dem Namen *Avena elatior, panicula propendente,* Türckischer Haber[2]) — erwähnt. Seinen heutigen wissenschaftlichen Namen hat er erst 1771 von Jo. Chr. Dan. Schreber erhalten, der ihn offenbar für bis dahin wissenschaftlich nicht bekannt ansah und für ganz neu eingeführt erklärte. Er nennt ihn deutsch Türkischer oder Ungarischer Hafer. Seitdem ist diese Formengruppe ununterbrochen in begrannten und in unbegrannten Formen in Deutschland angebaut worden, doch in geringerem Maße als *Avena sativa.*

In derselben Schrift, in der Schreber *Avena orientalis* benennt, in dem Spicilegium florae Lipsicae, wird von ihm aber *Avena strigosa* zum ersten Male wissenschaftlich beschrieben und benannt.[3]) *A. strigosa* trat damals in der Leipziger Gegend häufig unter *A. sativa* als

---

[1]) In der ersten Auflage von Rupps Flora wird dieser Hafer noch nicht erwähnt.

[2]) Die Bezeichnung Fahnenhafer, volkstümlich Fänichenhafer ist erst später aufgekommen.

[3]) Abgebildet ist *Avena strigosa* aber vielleicht schon fast hundert Jahre früher im dritten, 1699 erschienenen Bande von Morisons Plantarum historia universalis Oxoniensis, doch ist die Abbildung zu undeutlich, um mit Sicherheit für die von *A. strigosa* erklärt zu werden. Im Text ist sie nicht berücksichtigt. In landwirtschaftlichen Schriften scheint *A. strigosa* sogar noch früher erwähnt zu sein.

Unkraut auf, wurde aber nicht angebaut und war den Landleuten überhaupt unbekannt. Auch später scheint *A. strigosa* weder in der Leipziger Gegend noch sonstwo im östlicheren Deutschland — wenigstens in größerem Umfange — landwirtschaftlich angebaut worden zu sein; doch tritt sie fast überall in Deutschland, jetzt weniger als früher, wo sie zeitweilig strichweise sehr lästig gewesen zu sein scheint, als Ackerunkraut, vorzüglich unter anderen Saathaferformengruppen auf. Im achtzehnten und neunzehnten Jahrhundert läßt sich ein dauernder landwirtschaftlicher Anbau von *A. strigosa* in Deutschland nur in Mecklenburg, Schleswig-Holstein, im nördlichen Teile der Provinz Hannover, bei Bremen, in Oldenburg, im westlichen Westfalen — früher viel, gegenwärtig nur noch wenig —, im nördlicheren Teile der Rheinprovinz sowie im Schwarzwalde sicher nachweisen. Gegenwärtig nimmt der Anbau des Rauhhafers in Deutschland, wo dieser in mehreren, unwesentlich voneinander abweichenden Formen vorkommt, immer mehr ab.

Auch die andere von *Avena barbata* abstammende Saathaferformengruppe, *A. brevis*, ist in Deutschland zum ersten Male — von Roth im Jahre 1787 — wissenschaftlich vom übrigen Saathafer unterschieden und benannt worden. *A. brevis* wurde früher und wird wahrscheinlich auch noch jetzt in einigen Strichen der weiteren Umgebung von Bremen mit armem, sandigem Boden angebaut. Außerdem ist sie hier und in anderen Gegenden Oldenburgs und Nordhannovers sowie in Holstein und Mecklenburg als Ackerunkraut beobachtet worden.

Das Hauptanbaugebiet von *Avena strigosa* und *A. brevis* ist, wie schon gesagt wurde, Westeuropa, wo jene von der Iberischen Halbinsel bis zu den Shetland-Inseln, diese auf der Iberischen Halbinsel — wie *A. strigosa* vorzüglich in höheren Gebirgsgegenden —, in einigen Strichen Frankreichs — meist im Gemisch mit *A. strigosa* — und in Belgien — nur wenig — kultiviert wird. Beide Formengruppen treten in diesen Ländern in verschiedenen Formen auf.

In Frankreich und auf den Britischen Inseln sind jetzt aber wohl Formen von *A. sativa* und *A. orientalis* die am meisten kultivierten Saathafer. Auf den Britischen Inseln findet der Anbau des Saathafers hauptsächlich in Irland und Schottland statt. Hier spielt noch gegenwärtig der Hafer eine wichtige Rolle bei der menschlichen Ernährung, namentlich bei der der Land- und Arbeiterbevölkerung; in früheren Jahrhunderten bildete er strichweise wohl die Hauptnahrung dieser Bevölkerungsklassen. In England wird Saathafer vorzüglich im gebirgigen Norden und Westen angebaut.

Die von *Avena fatua* abstammenden Saathafer sind in das westliche Europa wahrscheinlich durch die Kelten eingeführt worden, während die Abkömmlinge von *A. barbata* wohl von der — nicht indogermanischen — Urbevölkerung Westeuropas hier gezüchtet worden sind.

In Dänemark und Skandinavien ist seit der prähistorischen Zeit dauernd viel Saathafer angebaut worden. Wahrscheinlich waren in Skandinavien stets ausschließlich von *Avena fatua* abstammende Formen in Kultur; nur in Jütland wurde und wird noch heute *Avena strigosa* angebaut. In Norwegen ist noch gegenwärtig der Saathafer das am meisten angebaute Getreide; er dient hauptsächlich als menschliche Nahrung, nicht nur in Form von Suppen und dünnerem oder dickerem Brei, sondern es wird aus ihm auch Backwerk bereitet. Auch in Schweden spielt der Saathafer noch heute eine sehr wichtige Rolle als Kulturpflanze. Auch hier wird von der Bevölkerung viel aus Saathafer bereitete Speise genossen. Sowohl aus Norwegen wie aus Schweden werden bedeutende Mengen Saathafers exportiert.

Wie die Germanen, so haben auch die Slaven schon frühzeitig Saathafer angebaut. In den von ihnen im Mittelalter auf deutschem Boden angelegten Siedelungen sind bis Mecklenburg und Holstein nach Westen hin Haferkörner gefunden worden. Sie sollen nach den Angaben der Prähistoriker zu *Avena sativa* gehören. In Rußland dient gegenwärtig der Hafer vorzüglich als Pferdefutter.

Auch in der Schweiz, in Österreich-Ungarn und den angrenzenden Balkanländern wird seit der prähistorischen Zeit viel Saathafer angebaut.

In Asien wird in China — in den Berggegenden des Nordens — Saathafer kultiviert, doch wie es scheint nur wenig und noch nicht sehr lange, denn er wird zuerst in einem die Zeit von 618 bis 907 nach Christi Geburt behandelnden historischen Werke erwähnt. Er dient in China vorzüglich als Arznei, weniger als menschliches Nahrungsmittel, nie als Pferdefutter. Der in China angebaute Saathafer scheint ausschließlich unbeschalt zu sein. Nach Koernicke gehört er zu *A. nuda inermis* Kcke., deren Deckspelzen gewöhnlich unbegrannt sind. Ob der chinesische Saathafer in China aus Zentralasien eingeführt worden ist, oder ob er aus von hier eingeführten beschalten Formen oder direkt aus *Avena fatua* in China gezüchtet worden ist, darüber läßt sich zur Zeit noch nichts sagen.

In Zentralasien, der mutmaßlichen Heimat von *Avena sativa* und *A. orientalis*, scheint heute nur wenig Saathafer angebaut zu werden, doch kommt er hier — und zwar *A. sativa* — verwildert vor. Mehr wird der Saathafer in Sibirien angebaut, hauptsächlich als Viehfutter, doch auch als menschliche Nährpflanze. In Vorderindien scheint der Saathaferanbau erst durch die Engländer eingeführt worden zu sein; er ist hier unbedeutend und auf höhere Gegenden beschränkt geblieben.

Während in China Nackthafer bereits vor dem Jahre 1000 nach Christi Geburt angebaut zu sein scheint, wird in Europa Nackthafer erst im sechzehnten Jahrhundert erwähnt, zuerst von Dodoens im Jahre 1566. Zu welcher von den heute bekannten Nackthaferformen dieser Nackthafer gehört, das läßt sich nicht feststellen. Ebenso ist es nicht sicher, zu welcher Form der von Linné als *Avena nuda* beschriebene Nackthafer gehört. Die späteren Schriftsteller halten ihn meist für die durch in der Regel zweigrannige Ährchen ausgezeichnete Form, die heute als *Avena nuda* im engeren Sinne bezeichnet wird. Zu dieser

Form scheint auch der von Morison abgebildete Nackthafer zu gehören, der in den letzten Jahrzehnten des siebzehnten Jahrhunderts in England mehrfach angebaut wurde.

Außer den beiden genannten Nackthaferformen sind noch mehrere andere bekannt. Landwirtschaftlich scheinen gegenwärtig Nackthafer fast gar nicht — in Deutschland sogar gar nicht — mehr angebaut zu werden.

Nach der Entdeckung von Amerika und Australien ist auch in diese Erdteile der Anbau von Saathafer — offenbar aber nur der von Abkömmlingen von *Avena fatua* — eingeführt worden. In Nordamerika besitzt der Haferbau gegenwärtig einen ziemlich bedeutenden Umfang.

Literatur.

Ascherson und Graebner, Synopsis der mitteleuropäischen Flora, Bd. 2, Abt. 1 (Leipzig 1898—1902), S. 231—243.

Atterberg, Neues System der Hafervarietäten nebst Beschreibung der nordischen Haferformen, Die landwirtschaftlichen Versuchsstationen, Bd. 39 (1891), S. 171—204.

Buschan, Vorgeschichtliche Botanik der Kultur- und Nutzpflanzen der alten Welt auf Grund prähistorischer Funde (Breslau 1895), S. 57—63.

Fruwirth, Die Züchtung der landwirtschaftlichen Kulturpflanzen Bd. 4, 2. Aufl. (Berlin 1910), S. 324—365.

Haussknecht, Über die Abstammung des Saathabers, Mitteilungen der geographischen Gesellschaft (für Thüringen) zu Jena. Zugleich Organ des botanischen Vereins für Gesamtthüringen, Bd. 3 (1885), S. 231—242, mit einer Taf.; Ders., Über die Abstammung des Saathabers, Mitteilungen des Thüringischen botanischen Vereins N. F., Heft 2 (1892), S. 45—49; Ders., Kritische Bemerkungen über einige Avena-Arten, ebendas. Heft 6 (1894), S. 31—45; Ders., Symbolae ad floram graecam, ebendas. Heft 13 u. 14 (1899), S. 18 u. f. (43—51).

Hillmann, Die deutsche landwirtschaftliche Pflanzenzucht, Arbeiten der Deutschen Landwirtschafts-Gesellschaft, Heft 168 (Berlin 1910).

Hoops, Waldbäume und Kulturpflanzen im germanischen Altertum, (Straßburg 1905), S. 275 u. f.

Koernicke, Die Arten und Varietäten des Getreides (Berlin 1885), S. 192—220.

Nilsson-Ehle, Kreuzungsuntersuchungen an Hafer und Weizen, Lunds Universitets Årsskrift N. F., Abt. 2, Bd. 5 Nr. 2 (1909).

Nilsson-Ehle, Über Fälle spontanen Wegfallens eines Hemmungsfaktors beim Hafer, Zeitschrift für induktive Abstammungs- und Vererbungslehre, Bd. 5 (1911), S. 1—37.

Thellung, Über die Abstammung, den systematischen Wert und die Kulturgeschichte der Saathafer-Arten (*Avenae sativae* Cosson), Vierteljahrsschrift der Naturforschenden Gesellschaft in Zürich, Jahrg. 56, 1911 (1912), S. 293—350.

Zade, Der Flughafer (Avena fatua), Inaugural-Dissertation der Universität Jena (Jena 1909); Ders., Der Flughafer (Avena fatua), Arbeiten der Deutschen Landwirtschafts-Gesellschaft, Heft 229 (Berlin 1912).

Zeitfracht Medien GmbH
Ferdinand-Jühlke-Straße 7
99095 Erfurt, Deutschland
produktsicherheit@kolibri360.de